Marie Luise Ritter

So wird man Influencer!

W0367969

Marie Luise Ritter

So wird man Influencer!

Machen, was man liebt,
und Geld damit verdienen

REDLINE | VERLAG

Weitere Literaturempfehlungen, Informationen sowie nützliche Checklisten und Tipps erhalten Sie unter www.gründe-dein-startup.de.

Bibliografische Information der Deutschen Nationalbibliothek:
Die Deutsche Nationalbibliothek verzeichnet diese Publikation in der Deutschen Nationalbibliografie; detaillierte bibliografische Daten sind im Internet über **http://d-nb.de** abrufbar.

Für Fragen und Anregungen:
lektorat@redline-verlag.de

1. Auflage 2018

© 2018 by Redline Verlag, ein Imprint der Münchner Verlagsgruppe GmbH
Nymphenburger Straße 86
D-80636 München
Tel.: 089 651285-0
Fax: 089 652096

Die vorherige Auflage ist unter den Titel *Follow me!* erschienen.

Alle Rechte, insbesondere das Recht der Vervielfältigung und Verbreitung sowie der Übersetzung, vorbehalten. Kein Teil des Werkes darf in irgendeiner Form (durch Fotokopie, Mikrofilm oder ein anderes Verfahren) ohne schriftliche Genehmigung des Verlages reproduziert oder unter Verwendung elektronischer Systeme gespeichert, verarbeitet, vervielfältigt oder verbreitet werden.

Redaktion: Mareike Fallwickl, Hof bei Salzburg
Umschlaggestaltung: Marc Fischer, München
Umschlagabbildungen: Shutterstock/MPFphotography, Shutterstock/EpicStockMedia, Shutterstock/Kzenon, Shutterstock/Floral Deco, Shutterstock/dramalens, Shutterstock/Nick Starichenko
Satz: Carsten Klein, Torgau
Druck: GGP Media GmbH, Pößneck
Printed in Germany

ISBN Print 978-3-86881-714-0
ISBN E-Book (PDF) 978-3-96267-040-5
ISBN E-Book (EPUB, Mobi) 978-3-96267-041-2

Weitere Informationen zum Verlag finden Sie unter

www.redline-verlag.de

Beachten Sie auch unsere weiteren Verlage unter www.m-vg.de

Inhalt

Einleitung **9**

1. Social Media **17**
Social-Media-Wörterbuch 18
Die fünf wichtigsten Vorgehensweisen und Mantras in Social Media 20
Was an Social Media so gut ist 21
Viralität: Wie erreicht man die breite Masse? 24
Antworten von den Profis der Branche 25

2. Beruf Influencer **29**
Influencer gibt es schon immer 29
Die Neuerfindung eines Werbemodells 31
Das zurückbleibende Deutschland und der Wandel der Generationen 36
Im Trend: Influencer Bashing 38
Influencer – die Bedrohung für Alt-Medien? 39
Antworten von den Profis der Branche 42

3. Erfolgsfaktor Bloggen **45**
Die Entstehung von Blogs 47
Warum du ab heute bloggen solltest 49
Es richtig machen: Professionalität 50
Worüber soll ich schreiben? Content-Ideen und die richtige Aufbereitung 58
Antworten von den Profis der Branche 62

4. Instagram **65**
Das Leben im Quadrat 65
Loslegen mit Instagram 66
Täglich ein Bild 68
Nimm dir Zeit! 68
Zehn Dinge, die ich durch das Bloggen und Instagram

übers Fotografieren gelernt habe ... 69
Wie bearbeiten die Blogger? ... 75
Die Caption ... 76
To hashtag or not to hashtag? ... 77
Der Feed ... 78
Engagement und Reichweite steigern: Wie man neue Follower anwirbt ... 82
Algorithmus ... 85
Spontan posten ... 88
Business-Account ... 90
Insta-Story ... 95
Antworten von den Profis der Branche ... 98

5. Kooperationen ... 101
Geschickt werben ... 101
Hohe Professionalität ... 104
Du kriegst keine Anfragen? Betreibe selbst Akquise! ... 109
Arten von Kooperationen ... 110
Ein kurzer Mediakit-Guide ... 111
Wie viel Geld kann ich verlangen? ... 114
Good to know: Das musst du rechtlich beachten ... 118

6. Community-Management ... 127
Kommentierverhalten auf Social Media ... 129
Die schönste Sache: Das Feedback der Leser ... 130
Empathie und Feingefühl: Geduld ist eine Tugend ... 132
Wie du mit Kritik umgehst ... 134
No one ever wins when fighting online ... 135
Nachrichten effektiv beantworten ... 136
Antworten von den Profis der Branche ... 138

7. Authentizität ... 141
Glaubwürdigkeit: Die Vertrauensbasis ... 142
The Good Life: Von Selbstinszenierung und Wäschebergen ... 143
Die sieben Grundregeln von Authentizität und Erfolg ... 144
Watch what you post ... 148

Vorbildfunktion 148
Die Sache mit der Privatsphäre........................ 149
Antworten von den Profis der Branche 158

8. Marke... 161
Warum muss man eine Personal Brand sein?............... 161
Produkte einer Marke 169
Warum es mein Leben verändert hat, ein Motivations-E-Book zu schreiben 170
Konkurrenzkampf und Netzwerke 170

9. Selbstständigkeit 175
Die Basics 175
Wie du deine Selbstständigkeit beginnst................ 178
Selbstständigkeit als Influencer: Besonderheiten und Tricks 189
Antworten von den Profis der Branche 193

10. Tipps und Tricks für erfolgreiches Influencer-Marketing 195
Auswahl der Influencer: Schlechte von guten Creatoren unterscheiden 195
15 Dinge, die beim Aufbau von Kampagnen beachtet werden sollten 199
Die Abwicklung von erfolgreichen Kampagnen 212

11. Die zehn komischsten Anfragen, die ich je bekommen habe 221

12. Fazit.. 231
Was wird die Zukunft bringen? 231
Warum Snapchat nicht funktioniert hat 231
Wer wird sich durchsetzen? 232
Wie wird sich das Influencer-Marketing in den nächsten Jahren verändern?................................ 232

Anmerkungen 235

Stichwortverzeichnis................................ 238

Einleitung

Ich lese auf dem Handy meine neuesten Nachrichten. Ich bekomme viele Sonnenuntergänge via Instagram geschickt, Pommes-Memes oder kurze Reaktionen auf meine Storys. Ab und an ist auch eine längere Nachricht dabei. Ein Mädchen, kaum jünger als ich, schreibt mir, wie sehr ich mit meinen Videos und kurzen Einblicken, mit meiner Einstellung sein Leben verändert habe. Wie es sich jetzt im Leben auf die Dinge konzentriert, die wirklich zählen, sich nicht mehr unnötig aufregt und zu schätzen weiß, was es hat, weil ich in einem Beitrag auf meinen Online-Kanälen darüber geredet habe. Mir treibt es fast die Tränen in die Augen, so lang und emotional ist die Nachricht. Sie erzählt mir ihre Geschichte, berichtet von ihrem Weg und warum sie heute da ist, wo sie ist. Ich bedanke mich, kann gar nicht in Worte fassen, wie viel solch eine Nachricht mir bedeutet. Auf dem Blog finde ich eine weitere Nachricht, einen Kommentar von Anna:

> *»Liebe Luise, toller Beitrag, wie immer. Dein Blog ist etwas ganz Besonderes. Egal, wie schlecht mein Tag auch sein mag, wenn ich hierherkomme und in deinen Beiträgen stöbere, erfassen mich immer Ruhe, Motivation und Lebensfreude. Ich sitze gerade in der Uni, und da mein Morgen echt ein wenig stressig war, bin ich unglaublich froh, das hier gelesen zu haben und dir jetzt diesen Kommentar zu schreiben. Du kannst wirklich stolz sein, dass du so etwas auf die Beine gestellt hast. Es ist seltsam, aber man fühlt sich, als würde man dich kennen, man weiß, dass du dich um deine Leser und Follower sorgst, und das ist ein schönes Gefühl. Dein Blog, dein Schreibstil sind für mich eine große Inspiration und haben mich dazu motiviert, auch einen Blog zu starten. Du warst*

> *übrigens (obwohl du es nicht weißt) auch diejenige, die mich dazu gebracht hat, Journalistik zu studieren, denn ich war so fasziniert von allem, was du geschafft hast, dass ich auch so einen schönen, erfüllten Weg einschlagen wollte. Danke dafür! :) Vielen Dank für deine zahlreichen Sonnenuntergänge, Büchertipps und Motivationskicks. Bitte hör nie auf, das hier zu machen. Du machst uns Leser damit wirklich glücklich, ich glaube, da spreche ich nicht nur für mich.«*

Ich kann gar nicht glauben, dass ich einen solchen Einfluss habe, einen guten, wie es scheint. Nachdem ich die Nachrichten gelesen, ganz viele Glücksgefühle gefühlt, mich bedankt und auf Kommentare reagiert habe, ist es Zeit für mein Abendprogramm: Netflix, Filme oder Reportagen.

»Diese Frau ist ein Star, ohne etwas Besonderes zu sein. Sie ist einfach nur Influencer, betreibt ihre eigene Reality Soap«, so beginnt die Reportage, die ich angeklickt habe. Es geht um die Selbstliebe- und Nachhaltigkeitsbloggerin Louisa Dellert, die mit dem Thema Fitness bekannt geworden ist. Bei jeder neuen Reportage, die ich in den Online-Mediatheken der großen Sender finde, habe ich für zehn Sekunden die Hoffnung, sie könnte mein Berufsbild positiv porträtieren, wohlwollend sein oder wenigstens ausgewogen. Spoiler: Bisher habe ich keine gefunden, auf die diese Kriterien zutreffen. Dabei gibt es so viel anderes, positiveres Storytelling, das man für solche Beiträge verwenden könnte. Ich wünsche mir Reportagen, die sich darum drehen, wie vielfältig Jugendliche in den neuen Medien ihre Kreativität ausleben. Wie spannend und hilfreich die Blogosphäre ist. Reportagen, die sich darum drehen, wie viele Follower die Selbstliebe-Influencerin zum Positiven beeinflusst hat. Wie viele am nächsten Morgen aufwachen und ein Stück zufriedener mit sich selbst oder glücklicher sind. Denn darum geht es. Die Reportage könnte auch so anfangen: »Diese Frau ist ein Star, weil sie 300.000 Menschen das Gefühl gibt, etwas Besonderes zu sein. Aus dem Nichts hat sie sich diese Followerschaft aufgebaut. Ohne vorher in einem Film mitgespielt zu haben, Musikerin oder berühmte Sportlerin zu sein. Einfach nur, weil sie sie selbst ist ...«

Im Januar 2016 habe ich angefangen *So wird man Influencer* zu schreiben. Da wusste ich noch nicht, wie dieses Buch heißen sollte, aber ich wusste: Es gibt zu wenig Lektüre über das, was ich und viele andere mit unseren Blogs, Instagram-Accounts und YouTube-Kanälen machen. Das merkte ich auch daran, dass sich die Interviewanfragen von Universitätsabsolventen häuften und mit Mangel an Fachliteratur begründet wurden. Und daran, dass ich jedem Familienmitglied unter dem Weihnachtsbaum wieder neu versuchte zu erklären, was ich mache. Ich bin, so nennt man es heute, Influencer.

Ich wollte und will aufklären und ein Gefühl für ein völlig neues, innovatives Berufsfeld schaffen. Ich wollte darüber schreiben, was für Zeiten die Branche durchlebt, wie hart und schön es sein kann, wie man Teil des Ganzen werden kann, wie man erfolgreich selbstständig ist oder für sich selbst die stärkste Marke wird. Ich wollte aufzeigen, dass es nicht so einfach ist, wie es aussieht, dass mehr dahintersteckt, als sein Frühstück zu fotografieren. Was im Hintergrund passiert und welche Fragen zu Authentizität, Privatsphäre und Werten man für sich selbst mit der Zeit beantworten muss, wie viel Spaß dieser Job macht – darüber möchte ich euch berichten. Da es ein solches Buch nicht gab, habe ich beschlossen, es eben selbst zu schreiben.

Influencer, eine neue Berufsform, eine Ausprägung unserer digitalisierten Welt. Die digitale Revolution hat die Art, wie wir Menschen kommunizieren und arbeiten, in den letzten knapp 20 Jahren komplett auf den Kopf gestellt. Die Menschheit durchlebt immer wieder solche Schwellenzeiten, Umbrüche oder schmerzhafte Wachstumsphasen, in denen alte auf neue Generationen treffen, man Schritt halten muss, um nicht überholt zu werden, Zeiten, in denen die Welt sich wöchentlich zu verändern scheint.

In der ersten Moderne, wie Historiker Heinrich Klotz die industrielle Revolution nennt, wurde Muskelkraft durch Maschinen ersetzt, in der aktuellen zweiten Moderne wird das Denkvermögen durch digitale Datenverarbeitung erweitert. Internet und Mobiltelefonie werden als Aspekt der Grundbedürfnisse definiert und so zum Beispiel von Hilfsorganisationen in Entwicklungsländer gebracht. Internet, Vernetzung, Kommunikation und soziale Zugehörigkeit als Grundbedürfnisse des Menschen im 21. Jahrhundert – neben Sicherheit, Fürsorge, physiologischen Grundbedürfnissen und dem Streben nach Glück. Überhaupt – der Drang nach Selbstbestimmung und Selbstverwirklichung ist in den heutigen Generationen so groß wie noch nie. Aus diesen Voraussetzungen haben sich soziale Netzwerke und Blogs entwickelt.

Ich blogge seit 2011 und habe mich ein Jahr später bei Instagram angemeldet, mein Facebook-Profil dümpelte da schon eine Weile ungenutzt vor sich hin. Ich erkannte Potenzial, probierte mich aus, wurde vom gelegentlichen Blogger zum regelmäßigen Hobbyblogger, und inzwischen kann ich luiseliebt.de und alle Kanäle, die damit zusammenhängen, als meinen Beruf bezeichnen. Als einen Beruf, der mir unheimlich viel Spaß macht, der mich einnimmt, jeden Tag neu fordert, der mir viel abverlangt, Multitasking und Stressresistenz zum Beispiel, der mich Kenntnisse über Buchhaltung, Selbstständigkeit, Minimalismus, Selektion, Kreativität und Erfolgskriterien sammeln ließ.

Im Jahr 2014 habe ich mich zum ersten Mal wissenschaftlich mit dem Thema beschäftigt – Literatur gewälzt, Blogger und Blogleser interviewt, die Qualität und Akzeptanz von Modeblogs und Blogs in Netzwerken untersucht, die deutsche Blogosphäre mit weltweiten Standards verglichen und währenddessen aus meinen eigenen Erfahrungen geschöpft. Die Untersuchung zeigte den hohen Anspruch der Rezipienten im neuen Web. Mit einfacher Informationsbeschaffung gibt man sich nicht mehr zufrieden, Publizierende als Projektionsfläche der virtuellen Aufmerksamkeit müssen heute mehr können: Beziehungen zum Leser aufbauen, dialogorientiert sein, persönliche Inhalte bereitstellen und vor allem Einblicke in den privaten Alltag geben.

Im gleichen Jahr habe ich als Social-Media-Manager in Hamburg in einer Marketingabteilung angefangen. Ende 2015 wollte ich nicht länger versuchen, das Bloggen und den Vollzeitjob unter einen Hut zu bringen, und habe mich mit meinem Blog und meiner Social-Media-Präsenz selbstständig gemacht. Ich arbeite und lebe als Influencer. Ich beeinflusse – auf hoffentlich positive, nachhaltige und gute Weise. Ich bin mir meiner Rolle bewusst, kenne Schwierigkeiten und Risiken der Branche und nehme meine Vorbildfunktion sehr ernst. Ich berate Agenturen und Unternehmen. Und nebenbei? Lebe ich mich in meiner Kreativität aus, jeden Tag.

Warum ich das immer noch und so leidenschaftlich mache? Weil ich mir nichts anderes vorstellen kann, seit ich 2011 damit angefangen habe. Weil ich teilen kann, was ich liebe. Ich lebe für die positiven und konstruktiven, ermunternden oder motivierenden Feedbacks meiner Community, es gibt nichts Schöneres, als sich abends durch eingegangene Nachrichten zu lesen, Interesse zu wecken und sich eine Gruppe an Menschen aufzubauen, die wiederkommen, weil sie spannend finden, was du kreierst. Ich liebe das, was ich da tue, und vielleicht geht es dir ja auch so.

Das, was gerade für mich gilt, wie ich meine Arbeit mache, welche Tools, Kenntnisse und Tricks ich benutze, wird wahrscheinlich in zwei Jahren schon komplett überholt sein. Das ist eine der größten Herausforderungen für die Social-Media-, Influencer- und Werbebranche: immer Schritt zu halten. Am 12. Mai 2017 erzählte ich im Post »Haben wir noch Zeit?« auf meinem Blog diese Geschichte:

> *»Es ist sieben Jahre fast her, dass wir beide zu Hause ausgezogen sind, um unser Glück bei einem Studium in einer nahe gelegenen Großstadt zu versuchen. Ende 2012, in einem Kurs namens Online II, habe ich in einer Stunde den Dozenten gefragt, ob ich dazu was ergänzen dürfte, da die Literatur, die Ansätze leicht eingestaubt waren, weil es im gesamten*

Studium eher um herkömmlichen Journalismus ging. Die restliche Stunde hielt ich quasi alleine. Schon damals bloggte ich, hatte erste Kooperationen, sammelte Erfahrung im Social-Media-Bereich, weswegen ich mehr als froh war, mein Wissen über Blogs, Analytics und Co. an meine Kommilitonen weitergeben zu können. Heute mache ich das beruflich. Das ist jetzt über vier Jahre her, und während wir reden und lachen und schwelgen, prüfen wir online das Modulhandbuch unseres gemeinsamen Studiums auf Veränderungen der Inhalte und der eingestaubten Ansätze – denn theoretisch müsste man in einem Kurs namens ›Online› alle drei Monate die Inhalte anpassen. Es hat sich nichts getan. Die Literatur ist von 2002.«

Schritt halten bedeutet, das, was man weiß, lehrt und weitergibt, stets zu aktualisieren. Dieses Buch richtet sich an alle, die Schritt halten wollen. An alle, die das Thema Influencer spannend finden oder bislang nichts damit anfangen können, dazulernen oder aus ihrem Hobby einen Beruf machen wollen, an alle, die auf der Suche nach Insidertipps sind. Dieses Buch ist aber auch für jene, die mit Influencern zusammenarbeiten: Unternehmen, Agenturen, Berater, Marketeers oder Managements. Ich nehme einige Anfragen, Kampagnen oder Events hier auf die Schippe, ohne Namen zu nennen. Falls jemand etwas oder sich wiedererkennt, hoffe ich, dass ihr gemeinsam mit mir lernen und schmunzeln könnt, statt es mir übel zu nehmen.

Ich erzähle dir, was ich schon alles falsch gemacht habe, und gebe dir Tipps, wie du es besser machen kannst. Ich erzähle dir auch, was ich vermeide, wie ich mit Nachteilen der Branche umgehe, wie du deine Privatsphäre schützt beziehungsweise wo man eine Grenze zieht. Das mögen superviele Infos sein, die da auf dich einprasseln, manches mag spannend bis merkwürdig klingen, aber jede Branche hat ihre zwei Seiten der Medaille. Komische Kooperationsanfragen, hartnäckige Leser und die Tücken der Selbstständigkeit gehören genauso zur Branche wie die positiven Aspekte: davon leben zu können, was man liebt, jeden Tag selbst zu entscheiden, worüber man schreiben, erzählen, informieren möchte, sich selbst immer wieder neu zu erfinden und alles in der Hand zu haben. Zwischen den Kapiteln findest du Interviews mit Influencern, die sehr gute Arbeit leisten, um noch mehr Meinungen abzubilden und dir direkte Beispiele an die Hand zu geben, wie andere Blogger oder Influencer ihr Hobby zum Beruf gemacht haben.

Ich hoffe, dass dieses Buch für dich ein Nachschlagewerk wird, das du zur Hand nimmst, wenn du Fragen zu Themen wie Bloggen, Influencer-Marketing oder Selbstständigkeit hast. Eine Mini-Ausbildung zum Influencer.

Ich wünsche mir, dass du dieses Buch als kleines Coffee Date mit mir siehst. Wenn man sich in etwas spezialisiert, frei arbeitet und berät, wie ich in Social Media, kommen über die Monate Unmengen nahe und entfernte Bekannte und völlig Fremde mit Nachfragen und Problemstellungen: »Kannst du mir sagen, wie ich mich so selbstständig mache wie du?« – »Kannst du mit mir meinen Gründungszuschuss ausfüllen?« – »Kannst du mir helfen, meine Fotos zu bearbeiten?« – »Könntest du meine ersten Blogposts Korrektur lesen?« – »Ich bin gerade so unmotiviert, kannst du mich motivieren?« – »Wie schreibt man den perfekten Blogpost?« – »Wie reagiere ich auf schlimme Kooperationsanfragen?« – »Wie funktioniert Engagement auf Instagram?« – »Wie bekomme ich überhaupt Kooperationsanfragen?« – »Wie werde ich zu Events eingeladen?« – »Können wir uns treffen, damit du mir erzählst, wie ich so produktiv werde wie du?«

Ich würde zu gerne alle beantworten! Aber dann wäre ich nicht mehr produktiv und hätte keine Zeit, mich auf das zu konzentrieren, was ich eigentlich mache. Auch um Kaffeedates und kurze Treffen werde ich oft gebeten – was ich aus Zeitgründen eigentlich immer absagen muss, so leid es mir tut. Am liebsten würde ich mich mit euch allen auf einen Kaffee treffen, aber dann wäre ich zum Beispiel nicht dazu gekommen, dieses Buch zu schreiben. Und Bücher schreiben ist mein Traum. Vielleicht ist deiner ja, es als Influencer zu schaffen, von deinem Hobby zu leben. Ich kann dir nur raten: Verfolge deine Träume. Aber erst einmal ist das hier unser Coffee Date. Zwei oder drei Stunden zusammensitzen, in denen ich dir erzähle, worauf ich achte, wie du dich erfolgreich selbstständig machst und wie du dich in Social Media zur eigenen Marke aufbaust.

Follow me – ja, wohin eigentlich? Folg mir auf eine spannende Reise durch eine neue Marketingwelt, die ihre Gesetze beinahe wöchentlich neu definiert. Ich hoffe, ihr habt so viel Spaß beim Lesen, wie ich ihn beim Schreiben hatte.

Eure Luise

1. Social Media

Das erste soziale Netzwerk, in dem ich mich anmeldete, war schueler.cc. Das war 2005 oder 2006. Die Möglichkeiten haben mich damals absolut überfordert. Fast täglich war ich damit beschäftigt, mein Profilbild zu ändern, neuen Gruppen beizutreten, Interessen anzuklicken oder abzuwählen, mit Freunden zu chatten oder Fotoalben zu erstellen und alle Klassenkameraden zu verlinken. Plötzlich trafen wir uns nach der Schule online. Mit unseren ersten Digitalkameras veranstalteten meine Freundinnen und ich sogar Shootings mit Luftballons, Glitzer und Konfetti. Für den Myspace-Hype war ich zu jung, bis auf schueler.cc und studivz.net gab es bei mir sonst nur ICQ. Täglich zu chatten, gehörte zu meiner Jugend dazu.

Mark Zuckerberg erschuf mit Facebook 2004 das erste soziale Medium, das die Welt verband. Seitdem sind soziale Netzwerke nicht mehr aufzuhalten. In Deutschland setzte sich Facebook erst um 2010 flächendeckend durch. 70 Prozent der Deutschen sind inzwischen täglich auf Facebook, Twitter und Co. anzufinden. Blogs gelten mittlerweile als eine der einflussreichsten digitalen Ressourcen. Gleiches gilt für visuelle Kanäle wie Instagram oder Snapchat. Sie haben früh erkannt, dass Bilder mehr Aufmerksamkeit erzielen als Text.

Unter Social Media werden alle Medien oder Plattformen verstanden, die ihre angemeldeten Nutzer mit digitalen Strukturen bei der Kommunikation, Veröffentlichung und Vernetzung unterstützen. Manche legen dabei den reinen Zweck auf die Kommunikation, andere stellen die usergenerierten Inhalte in den Vordergrund. Die Rezeption ist dabei ganz unterschiedlich: Manche sind süchtig. Manche verstehen es nicht. Viele halten es für Zeitverschwendung. Manche finden, das sei die Antwort auf jedes Werbeproblem. Fakt ist: Social Media geht nicht wieder weg. Und mehr noch: Es hat für immer verändert, wie Menschen, Unternehmen und Medien miteinander kommunizieren. In der Werbe- und Medienbranche stellt sich nicht mehr die Frage, ob man Social Media benutzt, ob man dort Accounts pflegt, ob man an die Digitalisierung glaubt, sondern nur noch die Frage, ob man mitzieht oder auf der Strecke bleibt.

Social-Media-Wörterbuch

Adwords	Neologismus aus Advertising und Words, Dienst von Google für Suchmaschinenoptimierung. Werbung soll passend zu den Inhalten der angewählten Internetseite eingeblendet und so zielgenauer geschaltet werden.
Affiliate Links	Und Affiliate-Marketing. Steigerung der Verkäufe und Beteiligung am Umsatz mit Provision.
Algorithmus	Personalisierte Auswahl der angezeigten Inhalte.
Backend	Verborgene Oberfläche zur Verwaltung und Bearbeitung des Online-Auftritts.
Buy-out	Veräußerung der Rechte an einem Werk für bestimmte oder unbestimmte Zeit gegen ein pauschales Honorar.
Caption	Bildunterschrift, beispielsweise bei Instagram.
Content	Die Sammlung aller produzierten Inhalte.
Cost per Action (CPA)	Für jede getätigte Aktion (Kauf, Abo) wird bezahlt.
Cost per Click (CPC)	Für jeden auf die Ad getätigten Klick wird bezahlt.
Dofollow / Nofollow	Dofollow-Links helfen, die Reputation durch Backlinks und das Ranking zu verbessern. Bezahlte Dofollow-Links, zum Beispiel im Rahmen einer Blog-Kooperation, verstoßen gegen die Richtlinien von Google und können Strafen im Ranking zur Folge haben.
Engagement-Rate	Das Verhältnis von Likes und Kommentaren eines Bildes zu der Followerzahl des Accounts

Flatlay	Fotos aus der Vogelperspektive auf flach drapierte Untergründe.
FOMO	Fear of missing out. Bezeichnet die Angst, etwas (auf Social Media) zu verpassen oder die eigene Zeit falsch zu verbringen.
Hashtag	Schlagwort, das Inhalte mit vorangestelltem # bündelt und besser auffindbar macht.
Keyword	Schlagwort, vor allem für Suchmaschinenoptimierung.
Lead	Verkauf.
Mikroinfluencer	Meinungsmacher mit vergleichsweise geringer Followerzahl, dafür aber überdurchschnittlich hohem Engagement.
Monitoring	Kontinuierliches Überwachen der Online-Aktivitäten und der Performance eines Posts, einer Seite oder eines Videos und der Kundenmeinungen oder Kommentare.
Organische Reichweite	Reichweite eines Beitrags, die ohne extra Budget erzielt wird.
ROI	Return of Investment. Das, was man für sein ausgegebenes Marketingbudget an Verkäufen, Klicks oder Imageaufbau erreicht.
SEO	Search Engine Optimization, Suchmaschinenoptimierung.
Seeding	Das strategische und zielgruppenorientierte Verbreiten/Streuen von Medienbotschaften: Inhalte werden als Text, Bild oder Video vor allem in sozialen Medien platziert und via E-Mail versendet.
Swipe Up!	Möglichkeiten, in Insta-Storys Links zu platzieren, an denen man durch einen Fingerwisch nach oben gelangt.
Tag	Taggen bedeutet, jemanden in einem Bild markieren. Auf einem Blog getagt werden – zum Mitmachen animiert werden.

Targeting	Das Ausrichten der Werbung auf eine bestimmte, definierte Zielgruppe.
Tracking-Link	Link, der durch eine personalisierte Endung zählen kann, wie viele Leute ihn benutzt haben bzw. Verkäufe über diesen Link getätigt haben.
Traffic	Übergeordneter Begriff für Klickzahlen und Kommunikation auf einer Webseite.
Trendjacking	Auf gerade gehypte Themen und trendige Hashtags aufspringen, um sie für die eigene Reichweite zu nutzen.
TKP	Tausenderkontaktpreis. Berechnungsgrundlage für Publikationen.
Usability	Die möglichst benutzerfreundliche Gestaltung des eigenen Layouts und Contents. Sinnvolle Bedienungsoberflächen.
USP	Unique Selling Point. Deine Nische, dein Alleinstellungsmerkmal.

Die fünf wichtigsten Vorgehensweisen und Mantras in Social Media

1. *Filtere, was du sagst.*
   Wenn du jede Beziehung breittrittst, wissen alle deine Follower, wie viele Beziehungen du schon hattest. Wenn du jeden Tag meckerst, weiß man, wie deine Lebenseinstellung ist. Wenn du lästerst, auch. Kurzum: Pass auf, was du online stellst. Es kann nicht so einfach wieder entfernt werden. Und: Brich die Regeln, nicht die Gesetze. Die Online-Welt ist keine rechtsfreie Zone.
2. *Find your tribe.*
   Such dir Menschen, mit denen du gleich tickst und dich online connecten kannst.
3. *Social Media muss Spaß machen.*
   Bunt, nett anzusehen, qualitativ hochwertig, das sind die Keys, die deinen Social-Media-Account spaßig und lebendig machen.

4. *Nicht zu viel nachdenken.*
   Social Media ist »trial and error«. Social Media ist spontan. Kennst du das, wenn du so lange auf ein Wort starrst, bis es gar nicht mehr wie ein Wort aussieht? So ist das auch mit Postings, die du online stellst. Wenn du zu lange überlegst, kommt nichts Gutes dabei raus. Hör auf dein Bauchgefühl, was du schreiben solltest, tippe los und schicke ab.
5. *Sei du selbst, mach dein Ding.*
   Sei echt. Aber pass auf: Wie viel Einfluss Social Media heutzutage wirklich hat, sieht man daran, wie Suff-Fotos auf Facebook so manches Vorstellungsgespräch ruinieren können. Es gibt sogar Tools, um versteckte Fotos zu finden. Jeder kann sehen, was du jemals gelikt oder kommentiert hast oder welche Verlinkungen von fremden Fotos du gelöscht hast.

Was an Social Media so gut ist

Menschen nehmen ihre Umgebung ganz anders wahr als vorher

Manch einer mag argumentieren: »Genießt du noch oder snappst du schon?«, um auszudrücken, dass wir so beschäftigt damit sind, Fotos zu machen, dass wir keine Zeit haben, Momente wirklich zu genießen. Ich denke: Wir haben Momente noch nie so sehr genossen wie jetzt. Jetzt, wo wir jeden Sonnenuntergang fotografieren, jedem Frühstück einen Snap lang huldigen, uns Gedanken machen, mit welchem Filter Blätter und Bäume im Wald im Herbst am schönsten aussehen. Indem wir in den blauen Himmel zoomen, unsere Lieblingsmusik am Strand anmachen oder das Gewitter vor dem Fenster filmen. Wann haben wir mehr von den Momenten mitgekriegt, uns Zeit für sie genommen, jeden Sonnenstrahl, den Wandel der Jahreszeiten, jedes Frühstück so zelebriert: vor Social Media oder jetzt? Ich denke nicht, dass High-Social-Media-User die

Welt verpassen. Ich denke, dass sie sie viel sensibler wahrnehmen als andere.

»Wie geht es dir?« wird ersetzt durch »Ich fühle mich ...«. Das Tolle an Social Media: Jeder hat eine Stimme. Du musst nicht mehr darauf warten, dich mit jemandem zu treffen, um von deinem Tag zu erzählen. Du hast mehr Möglichkeiten, als Tagebuch zu schreiben, für schöne Momente. Du kannst einfach loslegen, erzählen, fotografieren, festhalten. Und du kannst alles mit der Welt teilen. Die ganze Welt kann dein Freund werden. Ehemalige Außenseiter und chronisch Kranke werden genauso gehört wie jeder andere. Wenn du etwas sagen willst, etwas rauslassen willst, kannst du ein neues Blogfenster aufmachen, ein gerade geschossenes Foto für Instagram mit einer nachdenklichen Caption versehen oder in deinem nächsten Podcast davon erzählen. Alles ist erlaubt!

Menschen Gehör verschaffen, die sonst nicht gehört wurden.

Die Stigmatisierung von Menschen mit psychischen Erkrankungen ist immer noch ein ernst zu nehmendes Problem unserer Gesellschaft, aber die Dialoge, die wir rund um das Thema führen, sind verständnisvoller und offener geworden. Die Generation Y hat verstanden, dass Krankheiten wie Depressionen und Angstzustände nicht länger unter den Teppich gekehrt werden dürfen.

Die sozialen Netzwerke sind ein Ort, an dem es viel mehr Menschen als je zuvor möglich ist, in Wort und Bild in Erscheinung zu treten. Man teilt mit, wo man gerade unterwegs ist, mit wem man seine Zeit verbringt, was man Lustiges oder Skandalöses sieht – und nicht zuletzt, was man einkauft: womit man sich einrichtet und schminkt, was man anzieht, isst und trinkt.

Welches ist das richtige Medium für mich?

Für jede Generation, für jedes Alter gibt es die richtige Plattform: Facebook ist eher etwas für die älteren Semester, Instagram für die jüngeren, Snapchat und Musically für die Jüngsten. Facebook behandle ich persönlich sehr stiefmütterlich – es ist eher ein Pinnen von Links als eine wirklich spannende Plattform. Auf Facebook ist bei mir kein Engagement, weil ich auch keines anstrebe. Es ist wichtig, für jede Plattform eine Strategie zu haben, und während ich auf Instagram in den Storys nah aus meinem Leben berichte, meine Erlebnisse und Momente teile, inspiriere und motiviere, sehe ich Facebook eher als Portfolio, als übersichtliche Linksammlung. Ich teile alle Links zu neuem Content, verknüpfe so einmal mehr Blog und YouTube, halte Businessprojekte oder spannende Artikel fest. Es ist egal, welches Medium du wählst, um dich auszudrücken, die Hauptsache ist, es ist das richtige für dich.

Ich denke, für einen Podcast, bei dem nichts Visuelles bleibt, muss man unfassbar eloquent sein. Für YouTube sollte man bereit sein, große Teile seiner Persönlichkeit zu zeigen, seiner Wohnung, seines Lebens. Auf einem Blog kann man seriöser sein, länger und tiefgründiger schreiben, und auf Instagram kann man etwas inszenieren, das man nicht wirklich ist. Vielleicht kannst du großartige Texte formulieren, bist eher der schriftliche Typ, vielleicht liegt dir aber auch Reden vor der Kamera mehr als Schreiben, und du ziehst deinen Blog als Videoblog auf, indem du auf dem Blog einfach dein neuestes Erzählvideo mit ein paar Worten pro Blogpost teilst. Das bleibt ganz dir überlassen – probiere dich am besten einfach aus!

Mein wichtigstes Medium? Ist kein Social-Media-Kanal, sondern mein Blog. Dort kommt alles zusammen, dort bündle ich neue Videos, spannende Instagram-Diskussionen, alles, was ich über die Woche so lese und finde, dort schreibe ich lange Texte, rege zum Nachdenken an oder führe Tagebuch, poste meine Outfits und berichte von Events.

Die Filterbubble – digitale Stammtische

Über Jahre hinweg liken wir Accounts, vernetzen uns mit Menschen, die wir online oder offline kennengelernt haben, und bauen uns unsere eigene kleine Blase auf. Der Begriff »Filterbubble« wurde vom Internetaktivisten Eli Pariser 2011 in seinem gleichnamigen Buch geprägt. Er bezieht sich auf den Algorithmus von sozialen Netzwerken, die unseren Standort, unser Like- und Kommentierverhalten sowie unsere Suchhistorie studieren und uns mit der Zeit nur noch Inhalte anzeigen, die auf uns zugeschnitten sind. So werden uns irgendwann nur noch personalisierte Inhalte präsentiert, ein Vorsortieren findet statt. Das scheint auf den ersten Blick praktisch, entwickelt sich mit der Zeit aber auch zu einer Isolation gegenüber Informationen und Meinungen, die nicht unseren Interessen entsprechen. Vor allem im Wahlkampf um Trump wurde Kritik an dieser Filterblase laut, denn durch sie werden gegenteilige Informationen ausgeblendet oder bekämpft. Filterblasen katapultieren uns in die Zeit vor dem Internet zurück, als es nur Stammtische zum Meinungsaustausch gab. Was oft vergessen wird: Menschen neigten auch im prädigitalen Zeitalter dazu, sich vor allem mit Gleichgesinnten zu umgeben. Filterblasen sind also kein technisches, sondern ein anthropologisches Phänomen.

Viralität: Wie erreicht man die breite Masse?

Meine meistgeklickten Videos auf YouTube sind »Wie ich 12 kg abgenommen habe« und »Warum ich keinen Alkohol mehr trinke«. Das ist etwas, das viele Menschen beschäftigt und nach dem viele suchen. Themen, die kontrovers sind und polarisieren, eine starke Entscheidung, einen wichtigen Einschnitt symbolisieren, haben eine höhere Chance, viel virtuelles Feedback hervorzurufen.

Gesellschaftsrelevante Themen wie zum Beispiel die Einsamkeit im Alter beeinflussen die Viralität eines Videos außerdem enorm. Die Themen, die tiefe Gefühle in uns wecken: Einsamkeit, Schuldgefühle oder ein schlechtes Gewissen – wie im berühmten Weihnachtsspot von EDEKA, in dem ein Großvater seinen Tod vorgaukelt, um wenigstens einmal die ganze Familie an einen Tisch zu bekommen. Gerade deutsche User teilen Videos vor allem, um einen Austausch oder eine Diskussion zu beginnen. »Die Anzahl der Shares ist eine besonders aussagekräftige Währung für den Erfolg von Online-Kampagnen, denn aktives Teilen stellt eine wesentlich stärkere Identifikation mit Werbeinhalten dar als das reine Anschauen.«[1] Polarisieren bringt Viralität. Auch mein Video »Warum Kalorien zählen kacke ist« hat ausgesprochen viele Klicks, weil es polarisiert. Weil es sehr starke Zustimmung oder Abneigung hervorruft.

Viralität ist aber nicht immer gut und erstrebenswert: Langsames Wachsen bringt dir Menschen, die wirklich an dir als Person, deinen Bildunterschriften, deinen Fotos, deiner authentischen Art interessiert sind. Viralität ruiniert das. Menschen folgen dir, die keinerlei Interesse an dir haben. Ausländische Accounts folgen, Spam-Accounts oder Leute, die im Internet unterwegs sind, um zu provozieren und Stunk zu machen.

Antworten von den Profis der Branche

Zehn Fragen an Angie von hellopippa.com

@hellopippa

1. *Wie würdest du deine Nische, deine Ausrichtung in einem Satz zusammenfassen?*
   Ich bin ich und zeig mein Leben in allen Facetten – Yoga, Reisen, Leben, Lachen, Nachhaltigkeit, Backen – vor allem aber immer mit ganz viel guter Laune.
2. *Was macht dir am meisten Spaß an deinem Job?*
   Dass ich arbeiten kann, wann und wie ich möchte. Wenn ich mal einen Tag lang Termine habe und nicht zum Arbeiten komme, setze ich mich einfach ab 20 Uhr noch mal für vier Stunden vor den PC – easy. Und natürlich die Abwechslung.
3. *Magst du das Wort »Influencer« oder würdest du dir ein anderes wünschen?*
   Ich finde das Wort »Influencer« nicht schlimm – im Prinzip ist ja alles, was Menschen bei Mensch-Mensch-Interaktion ma-

chen, Beeinflussung – in welchem Sinn auch immer. Dass der Begriff so negativ behaftet ist, finde ich ein bisschen schade. Ich verwende den Begriff aber auch im realen Leben, wenn ich zum Beispiel, beeinflusst durch eine Bekannte auf der Uni, ein neues Kleid gekauft habe. Alle Menschen beeinflussen sich, in gewissem Maße, gegenseitig. Klar, dass jemand, der mehrere Tausend Leser hat, mehr Leute beeinflussen kann.

4. *Was weiß auf Instagram jeder über dich?/Was weiß niemand auf Instagram über dich?*
   Dass ich eine Hündin habe, die Pippa heißt./Dass Pippa eigentlich Pepper hätte heißen sollen – nachdem sie dann aber weiß und nicht schwarz war, wurde aus Pepper einfach Pippa. Ähnliche Beispiele gibt's Hunderte. Ich erzähle auf Instagram viel, behalte mir aber immer einen Teil Privatsphäre für mich.
5. *Was ist die kurioseste/seltsamste/schlimmste Kooperationsanfrage, die du je bekommen hast?*
   Puh – da gibt es viele! Eine der unverschämtesten war aber von einer Wurstfirma (ich bin Vegetarierin). Ich dürfte mir eine Wurst im Wert von 20 Euro aussuchen und müsste dafür drei Instagram-Posts produzieren. Ähhh nein. Einfach nein.
6. *Hast du mal Phasen, in denen du keine Lust mehr hast auf Instagram?*
   Ja, ich glaub, solche Phasen hat jeder Blogger/Instagrammer/Influencer. Bei mir geht es aber meist nicht darum, dass ich keine Lust mehr habe – sondern dass mir einfach ein bisserl die Kreativität fehlt und ich mich frage, wohin ich mit meinem Account und meiner Online-Präsenz gehen möchte. Ich umgehe solche Phasen aber einfach, indem ich mich nicht zwinge, irgendwas zu posten, das vielleicht gut ankommt – sondern einfach ein paar Tage lang etwas poste, auf das nur ich Lust habe – egal, ob es Leser/-innen sehen wollen oder nicht.
7. *Welches Foto würdest du niemals posten?/Was, das andere Influencer machen, geht für dich gar nicht?*
   Ich persönlich hasse reines Product-Placement. Ich würde zum Beispiel nie einfach mein Puder fotografieren und online stellen.

Genauso handhabe ich es auch mit Kooperationen – ich lehne reines Product-Placement grundsätzlich immer ab. Auch behalte ich persönlich meine Beziehung im Großen und Ganzen für mich. Sicher gibt es hin und wieder mal ein Bild von meinem Freund und mir – in vier Jahren Instagram kann ich das aber an zwei Händen abzählen. Jeder zieht da selbst seine privaten Grenzen. Ich mach das auch gar nicht, weil ich es geheim halten möchte, sondern weil meine Beziehung nie Teil meiner Online-Präsenz war – und auch nicht werden soll.

8. *Kommen bei Instagram eher oberflächlichere Accounts an oder »reale« mit ungestellten Bildern und Storys?*
   Ganz unterschiedlich, glaube ich. Ich selbst mag's nicht, wenn ich nur Rosen und Frühstück im Bett und Pool-Fotos sehe. Es gibt aber bestimmt viele Leser/-innen, die genau von so etwas inspiriert werden. Genauso wenig mag ich aber Accounts, bei denen das Frühstück aussieht wie dreimal verdaut und wieder ausgespuckt. Ich mag schöne Bilder – mir ist nur wichtig, dass diese Bilder auch Persönlichkeit haben und nicht beliebig austauschbar sind.
9. *Hast du dich schon einmal unauthentisch gefühlt?*
   Ich glaub, jeder Influencer hat so seine Leichen im Keller beziehungsweise hat ein, zwei Kooperationen, die er vielleicht bereut oder heute nicht mehr machen würde. Ich hab 2016 einmal Werbung für Weichspüler gemacht – was ich heute so sicher nicht mehr machen würde. Die Werbung ist zwar damals gar nicht schlecht angekommen, da ich aber selbst eigentlich keinen Weichspüler verwende, war die Kooperation ziemlich unauthentisch und ich würde sie heute niemals mehr annehmen. Aber ja, was soll ich sagen, ich geb's zu – ich war jung und brauchte das Geld.
10. *Was ist der stolzeste Moment in deiner Laufbahn?*
   2017 habe ich mein erstes eigenes Backbuch veröffentlicht und habe meine eigene nachhaltige Kleidungskollektion gelauncht – beides Momente, die mich sehr, sehr glücklich und stolz gemacht haben.

2. Beruf Influencer

»Jeder einzelne Kunde ist ein Influencer.«
Emily Weiss, Gründerin des Labels Glossier[2]

Jeder ist bereits über das schöne neue Jobprofil Influencer gestolpert. Influencer sind Meinungsbildner, Content Creator, Vorbilder, digitale Freunde. Die, die Social Media so gut für sich nutzen, dass sie es schaffen, eine Heerschar an Followern um sich zu scharen.

Influencer haben eine hohe, meist tägliche Posting-Frequenz, sie geben positive Markenempfehlungen ab, sind sehr gut vernetzt und haben eine überdurchschnittliche Reputation und Glaubwürdigkeit, weshalb sie mit ihren Empfehlungen überzeugen. »To influence someone« bedeutet, jemanden zu beeinflussen. Influencer-Marketing beschreibt einen Marketingansatz, bei dem die Bekanntheit einer Person genutzt wird, um einem Produkt oder einer Marke mehr Aufmerksamkeit zukommen zu lassen.

Influencer gibt es schon immer

Auch wenn der Begriff erst seit 2007 in der Medienwelt kursiert: Influencer gibt es schon immer. Große Unternehmen setzen seit jeher auf die Reichweite und Bekanntheit von prominenten Personen, um ein Produkt zu präsentieren oder die eigene Marke zu stärken. Bereits 1918 buchte die landwirtschaftliche Firma Oliver als Testimonial Henry Ford. Über einem Bild von ihm prangte der Slogan: »Henry Ford, too, chooses Oliver Plows«. In den 1950er-Jahren waren es Stars und Sternchen, die für Dr. Oetker und Co. in Werbespots auftraten. Heute sind Influencer Netzberühmtheiten wie zum Beispiel Blogger, die aufgrund ihrer Bekanntheit, ihres An- oder Aussehens viele Follower und Fans haben. Über die sozialen Medien ist ihr Einfluss auf diese Zielgruppe groß, sie sind glaubwürdige Identifikationsfiguren.

Beeinflussung findet aber eigentlich schon immer statt. Erst werden wir von unseren Eltern beeinflusst, dann von der Schule, von guten oder schlechten Freunden. Nicht umsonst wurde uns schon immer eingetrichtert, uns von schlechten Einflüssen fernzuhalten. Heute stattdessen sind diese Einflüsse messbar. Ikonen und Idole bastelt sich die Generation selbst.

> *»Models galten – neben Celebrities im Allgemeinen und Filmstars im Speziellen – als perfekte Träger von Werbebotschaften. Mit teils unwirklich anmutender Schönheit und dem ›besonderen Etwas‹ wurde manche zur Ikone ihrer Zunft. Claudia Schiffer hatte damals keinen Instagram-Kanal, keine Facebook-Seite und kein Snapchat. Das Internet steckte in den Kinderschuhen und man muss sich ernsthaft fragen, wie Marketer damals ruhigen Gewissens ihre ROIs berechnen konnten.«*[3]
>
> *Falko Kremp*

Große Unternehmen setzen seit jeher auf die Reichweite und Bekanntheit von prominenten Personen, um ein Produkt zu präsentieren oder die eigene Marke zu stärken. Digitale Influencer sind eine Ausprägung unserer heutigen Social-Media-Welt. Die kleinen und großen Berühmtheiten auf Instagram, Facebook, YouTube und Co. freuen sich über die neue Aufmerksamkeit. Denn während sich der Marketing-Fokus immer mehr Richtung digital verschiebt, lösen Social Media Influencer die klassischen Promis als Werbeträger ab. Früher bestimmten Medienunternehmen, wer interessant, schön oder spannend genug war, um der

Masse präsentiert zu werden – heute bestimmt die Masse selbst. Laut Albert Banduras und seiner sozial-kognitiven Lerntheorie werden vor allem jene als Vorbilder gewählt, die noch eine gewisse Ähnlichkeit mit einem selbst haben und denen man trotzdem nacheifern kann.[4]

Die Neuerfindung eines Werbemodells

Statt aufwendiger TV-Spots und teurer Printanzeigen spielen heute Influencer bei Kaufentscheidungen eine tragende Rolle. Denn sobald der TV-Spot anfängt, wird auf stumm geschalten und das Smartphone zur Hand genommen. Influencer Marketing lässt sich zwischen Empfehlung eines Freundes und klassischer Werbung ansiedeln. Es ist deswegen so beliebt, weil es sich vom Prinzip der Unterbrecherwerbung deutlich unterscheidet und besonders junge Nutzer anspricht. In Zeiten von Überforderung, Informationsüberflutung, genereller Werbemüdigkeit und Ad-Blockern (25 Prozent der Deutschen blockierten im Jahr 2015 Werbung generell) kristallisiert es sich aktuell als Rettung heraus. Im Kern bedeutet Influencer-Marketing nichts anderes, als vertrauenswürdige Personen dazu zu bewegen, sich positiv und wohlwollend über ein Unternehmen oder bestimmte Produkte zu äußern.

Den Erfolg im Netz erklärt Philipp Thurmann, Geschäftsführer der Berliner Social-Media-Agentur Buddybrand, so: »Der Klickkonsument erinnert sich doch eher an die Koch-App eines Messerfabrikanten, die ihm von einem guten Freund empfohlen wurde, statt an das 25. Facebook-Gewinnspiel. Ich brauche keine großen Werbeplakate, wenn mir eine Person, der ich vertraue, rät, dass ich meinen Urlaub in Norwegen verbringen soll, weil ich dort Entschleunigung finde.«[5]

Influencer-Marketing macht inzwischen durchschnittlich sieben Prozent des klassischen Marketing-Mix aus. Schon 2015 gaben rund

84 Prozent der Marketiers an, in den kommenden zwölf Monaten mit Influencern arbeiten zu wollen. Der langfristige Trend geht dabei in Richtung Mikroinfluencer, denn die sind mit einem höheren Engagement und homogenerer Zielgruppe sowie Nischenausrichtung oft effektiver als Influencer mit großer und recht diffuser Followerschaft. Marken wollen gerne mit Influencern werben, um ungenutzte Potenziale zu erreichen – schrecken aber auch oft zurück, da es mit einem gefühlt sehr großen Kontrollverlust einhergeht.

Das hohe Maß an Selbstbestimmung und Authentizität ist ein Aspekt, der Marketing-Chefs in Unternehmen und Werbeagenturen oft noch von der Investition in die aufstrebende neue Werbeform abhält. Sind sie es von klassischen Formaten gewohnt, Inhalte und Kanäle selbst zu bestimmen, geben sie beim Influencer-Marketing einen Großteil dieser Verantwortung an eine externe Person ab. Die Rechnung lautet verkürzt: Glaubwürdigkeit gegen Kontrollverlust. »Ängste und Zweifel, sich zu offenbaren, und dem Vorgehen der Influencer in der unberechenbaren Welt der sozialen Netzwerke zu vertrauen, sind aufseiten der Unternehmen zu beobachten«, diagnostiziert auch Online-Marketing-Experte Robert Levenhagen in »Lead Digital«. Und weiter: »Eine erfolgreiche Zusammenarbeit erfordert ein hohes Maß an Transparenz und beiderseitigem Vertrauen.«[6] Doch das kann sich lohnen. Man arbeitet mit jungen Menschen, die konsumentengerechtem Marketing eine völlig neue Bedeutung geben. Ich finde es grandios.

Beruf oder Berufung: der perfekte Influencer

Facebook, Twitter, LinkedIn, Xing, Instagram, Snapchat, Musically. Wenn man in ein gewisses Alter kommt, fühlt es sich nicht mehr natürlich an, Neues auszuprobieren. Ausgehen, feiern, neue Leute? Da ist Komfortzone und zu Hause bleiben bequemer. Das Gleiche gilt für Social Media. Es ist einfacher, es zu verteufeln oder zu ignorieren, als sich ernsthaft damit auseinanderzusetzen. Man muss sich pushen, zwingen, aber wenn man das macht und den ersten Schritt getan hat, wird es immer einfacher. Oder anders: Wenn man sich dann mal zum Ausgehen zwingt, hat man eigentlich immer eine gute Zeit.

Damals, als Musically aufkam, habe ich mir zum Beispiel auch einen Account erstellt und mich ausprobiert. Mit der Zeit habe ich aber gemerkt, dass die App nichts für mich ist – trotzdem war der Versuch entscheidend. Jede neue App kann das soziale Netzwerk sein, das dir zum großen Durchbruch verhilft. Ein guter Influencer sollte auch für neue Plattformen offenbleiben. Es gibt keine Erfolgsrezepte, deswegen kann ich auch keine liefern. Das mal als Beruhigung vorneweg. Grund ist: Bei jedem funktioniert etwas anderes. Lass uns lieber Erfolgsbeispiele auf Gemeinsamkeiten durchgehen.

Am Anfang steht immer ein komplett leerer Account, ein leerer Blog, eine noch nicht erzählte Geschichte. Und genau da – stehen wir jetzt. Das Wichtigste zuerst: Man muss dieser Mensch sein, dem man gerne folgen möchte. Influencer sein bedeutet, Träume zu verkaufen. Du musst deine eigene Geschichte sein. Influencer ist kein anerkannter Beruf, die Fähigkeiten, die du dafür brauchst, kannst du nicht studieren – dabei geht es alles ums Sich-selbst-Beibringen. Geh raus, fotografiere, geh auf Events und berichte darüber. Sei stark, selbstbewusst und folgenswert.

Es gibt niemanden, der von heute auf morgen beschließen kann, ab jetzt als Influencer zu arbeiten. Das ist etwas, was über Monate oder Jahre aufgebaut werden muss, in der Freizeit, als leidenschaftliches Hobby. Wie du dahin kommst? Schau dich um nach Jobs in der Branche. Lerne deinen Job und den Job aller anderen. Lies. Mach Praktika. Lern fotografieren.

Influencer mögen die Formulierung »Ich bin Blogger, Fotograf, Webdesigner und Manager in einem«. So hochnäsig es klingen mag, ist es irgendwie schon wahr, was die Vielfalt des Berufes angeht. Trotzdem wird jede Fähigkeit nur angerissen, ich würde mich niemals ernsthaft als Fotograf bezeichnen, weil ich mit einer Spiegelreflexkamera, Photoshop und Lightroom umgehen kann, oder als Manager, weil ich mich selbst organisiere und meine E-Mails beantworte. Und doch ist man ein guter Allrounder, und genau zu so einem musst du werden.

Women are the new media

Es sind oft die Frauen, die auf Social Media den Ton angeben: Ein Großteil der High User sind weiblich. 68 Prozent der Influencer sind junge Frauen, die damit zu wichtigen Beraterinnen in Stil-, Kultur- und Geschmacksfragen werden. Das geht aus der Influencer-Studie 2017 hervor, die die Online-Plattform *IndaHash* veröffentlicht hat. Die Studie zeigt, dass Frauen nicht nur die Mehrheit dieser Multiplikatoren stellen, sie posten auch mehr und öfter als ihre männlichen Konkurrenten. Sie sind jung, gut vernetzt, setzen Trends und geben den Ton an. Während unter den Männern nur 36 Prozent ein- bis dreimal täglich posten, sind es unter den Influencerinnen sogar 47 Prozent. Ähnlich sieht es bei dem Kaufverhalten aus: 45 Prozent der Influencerinnen haben etwas gekauft, das sie eine Woche zuvor auf Social-Media-Plattformen gesehen hatten. Bei den Influencern sind es nur 31 Prozent. Dabei haben Freunde, andere Influencer oder Social-Media-Nutzer allgemein den größten Einfluss auf ihre Einstellungen, so 79 Prozent der Befragten. Vor allem die Frauen vertrauen auf andere Instagrammerinnen – ganze 62 Prozent von ihnen gaben an, dass andere Social-Media-Nutzer ihre Meinung stark beeinflussen. Nur 5 Prozent sagen das vom TV, 3 Prozent von Pressemedien und 1 Prozent vom Radio.

> *»Natürlich freue ich mich über diese Frauenpower in Social Media. Influencerinnen treiben Trends voran und funktionieren gewissermaßen wie ein Kommunikationskanal. Ihre Follower und Followerinnen vertrauen ihnen – und darum hat das, was sie posten, großes Gewicht und großen Einfluss. Influencer nehmen ihre Aufgabe sehr ernst und bilden eine echte Alternative zu klassischen Medien und zur Werbung.«*
>
> *Barbara Soltysinska, Mitgründerin von IndaHash*[7]

Kann man davon leben? Habe ich überhaupt noch eine Chance?

Man kann sagen, dass der Markt übersättigt ist. Die Branche hat ihre Anfangsphase überwunden, wer jetzt noch durchstarten will, kann durchaus als »spät dran« bezeichnet werden. Natürlich hilft es immer, zur richtigen Zeit am richtigen Ort zu sein. Inzwischen ist die Branche gut gefüllt, sich durchzukämpfen nicht gerade einfach. Stefanie Giesinger, die 2014 Germanys Next Topmodel wurde, traf exakt im richtigen Moment auf die Instagram-App, die ihre Karriere in neue Hemisphären beförderte. Von den Gewinnerinnen aus den anderen Staffeln hört man dagegen kaum etwas.

Aber: Wenn du das wirklich machen willst, solltest du dich nicht davon abbringen lassen. Ich persönlich habe mich schon mit 5k Instagram-Abonnenten selbstständig gemacht. Es gibt Influencer, die mit 50 000 Followern keine Kooperationen angeboten bekommen, und welche, die mit 8000 schon gut ihre Miete bezahlen können. Man kann heute mit jeder Followerzahl Influencer sein oder einfach nur posten, ganz ohne Werbung einzubinden.

Warum jeder Chancen hat: Mikroinfluencer

Als ich mich bei einem Event mit Selbstliebe-, Fitness- und Nachhaltigkeits-Bloggerin Louisa Dellert unterhielt, meinte sie zu mir: »Die meisten Firmen trauen sich gar nicht, mich anzuschreiben, weil große Influencer so teuer geworden sind und sie denken, dass sie sich Postings bei mir sowieso nicht leisten können. Ich würde lieber alle wieder abgeben, aber natürlich die lieben Menschen und Kommentare behalten, und wieder so bei 80k sein, da kriegt man nämlich viel mehr Anfragen.«

Tatsächlich findet eine Verschiebung der Kampagnenziele statt. Während es vor einem Jahr noch darum ging, möglichst viele zu erreichen, Branding zu betreiben, will man inzwischen lieber weniger, aber dafür die richtigen Menschen erreichen, Verkäufe generieren.

Das funktioniert über Mikroinfluencer am besten. Eine Definition, ab wann du dich Mikroinfluencer nennen kannst, fällt schwer: Ich würde Mikroinfluencer ab 1.000 Follower bis 20.000 oder 50.000 Follower definieren.

Das heißt: *Klein sein, also wenige Follower haben, rockt!* Wenn du dich für die Branche interessierst, deinen Blog und deine Kanäle größer machen willst, mehr Menschen erreichen oder das, was du tust, hinterfragen und professionalisieren möchtest, bleib unbedingt dran. Über Influencer-News online auf dem Laufenden zu bleiben, hilft auch enorm: Das *Manager Magazin*, Impact, OMR, WUV, Bento oder Horizont greifen die Thematik oft auf. Auf Facebook folge ich gern der Seite des FashionBloggerCafé – sie verlinken fast täglich neue spannende Artikel aus der Branche. Das Gleiche versuche ich auf meiner Seite Zielstreberin mit spannenden Links umzusetzen.

Das zurückbleibende Deutschland und der Wandel der Generationen

»Die Jugend ist verloren!«, schrie man vor zehn Jahren. »Unerreichbar, verrückt, verstehe die, wer will!« – »Halt, wir haben sie wiedergefunden!«, revidiert man heute. Marketing jetzt nur noch über Apps!

Influencer ist der neue Traumjob der Generationen Y und Z. Wenn man in eine achte Klasse einer Schule geht, wird er mindestens einmal, wenn nicht sogar öfter fallen. Ich bin mit Sicherheit absolut das, was man als Generation Y beschreiben würde. Wir haben keinen Fernseher, lesen wenig Tageszeitung oder Zeitschriften und nehmen in der Fußgängerzone keine Flyer entgegen – ob aus Umweltbewusstsein oder aus Faulheit, sei mal dahingestellt. Wie erreicht man diese Generation also? Aktuell vor allem über Influencer-Marketing.

Vor allem deutsche Marketender tun sich schwer mit der neuen Disziplin Influencer. Die Thematik des zurückbleibenden Deutschlands ist aktueller denn je, weswegen sie immer wieder auf Blogs und den dazugehörigen Kanälen Erwähnung findet. Jakob Adler, freier PR-Berater aus Hamburg und Kopf hinter dem ehemaligen Modeblog-Netzwerk MuseNet, twitterte mal: »Im Ausland wird man gefeiert, wenn man es mit seiner Leidenschaft zu was bringt. In Deutschland wird man verachtet.«[8] Vor allem die fehlende Glaubwürdigkeit, der Mangel an Gesetzen, das Umgehen von Richtlinien und fehlendes Return of Investment werden immer wieder angeprangert.

> *»Da verstehe ich nicht, dass wir in Deutschland im Jahr 2017 über Begriffsdefinitionen diskutieren und aus Influencer-Marketing schon fast eine Wissenschaft gemacht wird. Es gibt auch in den USA und Großbritannien kritische Stimmen, aber hier wird viel mehr über die Chancen und Möglichkeiten diskutiert. In Deutschland geht es um Kennzeichnung und eine angeblich fehlende Glaubwürdigkeit.«*[9]
>
> *Blogger Jan Firsching*

»Die spinnen, die jungen Leute!«, sagt die Generation der Babyboomer. Sie sind anders aufgewachsen, haben ein anderes Verständnis von Arbeit und Freizeit, von Privatsphäre und Selbstdarstellung. Die Generation Y ist dabei viel besser als ihr Ruf. Studien zeigen, dass wir eine gebildete Generation sind, es gab niemals so viele Studenten wie jetzt gerade, und die Zahl steigt von Jahr zu Jahr an. Studien zeigen außerdem, dass wir offener gegenüber Vielfalt, weltgewandter und toleranter sind als alle Generationen vor uns. Social Media, weltweite Vernetzungen und die Aufklärung, die so stattfindet, tragen viel dazu bei. Es steht also nicht schlecht für die Generation Y, die Generation »Vielleicht«. Trotz starkem Gegenwind, schaffen wir es nicht nur, uns in dieser Welt zu behaupten, sondern auch Impulse zu setzen, um sie für uns und für zukünftige Generationen zu verändern.

Im Trend: Influencer Bashing

»Und die Bezeichnung ›Influencer‹ finde ich persönlich ganz schlimm. Da wurde doch extra ein schönes englisches Wort rausgekramt, das eigentlich nur so viel bedeutet, dass jemand auf Instagram unglaublich viel Geld verdient und keiner weiß eigentlich, warum.« So oder so Ähnliches lese ich täglich in Facebook-Diskussionen. Gerechtfertigt oder nicht? Influencer haben sich die Mechaniken des Marktes, die Digitalisierung und das Vertrauensvakuum zunutze gemacht. Sie haben einen leeren Markt gefüllt – und werden kritisch beäugt. Sie polarisieren mit dem, was sie tun, und Influencer Bashing ist absolut im Trend.

Ist »Beruf: Influencer« nur die Notlösung im großartigen 21. Jahrhundert für Jugendliche, die nicht wissen, was sie aus ihrem Leben machen sollen?

Ist ein Influencer zu sein nur die Verbindung von Berufen in der Öffentlichkeit, die schon seit Jahrzehnten in der Klatschpresse ihren Ort finden?

Sind alle Schauspieler, alle Models heute Influencer?

»Ich mag das Wort ›Influencer‹ nicht, das klingt so negativ«, sagt Instagrammer Hannes Becker zur *Westdeutschen Zeitung*.[10] Er hat 1,3 Millionen Follower. Drei Wochen im Monat ist er unterwegs, auf Reisen, auf Wanderschaft. Manche Posts sind bezahlt, andere nicht. »Ich bezeichne mich selbst als Fotograf und Instagrammer.« Ich denke, das Wort »Influencer«, also »Beeinflusser«, wird der Tätigkeit nicht gerecht. Denn das, was man da macht, ist produzieren, inspirieren, zum Nachdenken anregen, teilen, schöne Orte, Produkte und das Leben. All das ist sicher eine Beeinflussung, aber eben nicht nur. Ich sehe mich als Inspirateur, als Motivateur, als Content Creator, als tägliche Portion Freude, wenn Leute sich die Zeit nehmen, auf meinen Account zu klicken. Also ja, ich beeinflusse, ich influence – aber nicht im schlechten Sinne. Haben Influencer dieses Bashing der Alt-Medien verdient?

»Richtig – in einem Land, in dem Fußballer für 150 Millionen Euro verkauft werden, und KEINER aufschreit, sind es jetzt die bösen Influencer, die für ›ein paar Fotos‹ so viel Geld verdienen.«

Antonia Wille, Amazedmag[11]

Influencer – die Bedrohung für Alt-Medien?

Sally Singer, Digital-Kreativchefin der amerikanischen Ausgabe der *Vogue*, schimpfte schon 2016 auf ihrem Blog: »Sucht euch einen anderen Job!«, eine Kollegin von ihr fügte hinzu: »Bei denen nach Stil zu suchen sei so, als suche man in einem Striplokal nach Romantik.« Manche Journalisten wünschen sich Influencer dahin zurück, wo sie hergekommen sind – in die Nicht-Existenz. Dabei hat jede Branche irgendwann mal gegen bestehende Festungen rebelliert, kämpfte gegen Vorurteile an, um irgendwann einfach dazuzugehören. Dennoch, eigentlich alle Zeitungsartikel über Influencer haben ihn – diesen abfälligen Unterton.

Ich finde es merkwürdig, wenn eine große Tageszeitung in ihren Influencer-Artikeln so klingt wie meine Oma, wenn ich ihr ihr neues Handy erklären will. Ein bisschen genervt, unwirsch und mit einer »Früher ging es doch auch ohne, früher war alles besser«-Einstellung, der zugrunde liegt, dass jemand etwas nicht versteht. Und natürlich ist das bei Omas und Handys genauso wie bei alteingesessenen Medien und Influencern: Bashen ist einfacher als verstehen. Dabei wären eigentlich reflektierte Einschätzungen oder gar Überlegungen zu Möglichkeiten der Zusammenarbeit viel angebrachter. Auch gerne genommen und inzwischen schon peinlich ausgelutscht ist die Gleichstellung mit der namenverwandten Krankheit Influenza – die *Welt* titelte zum Beispiel: »Mediziner in Deutschland schlagen Alarm: Wenn die Bundesbürger nicht schnell etwas unternehmen, droht eine nie da gewesene Welle an kranker Mode, ungenießbarem Essen und verdorbenen Kindern.«[12] Ich schäme mich ein bisschen fremd, wenn ich so etwas lese, ist es doch weder witzig noch gut gemachte Satire.

Warum sich herkömmliche Printmedien bedroht fühlen, liegt auf der Hand: Modeblogs lösen bezüglich des Machteinflusses herkömmliche Modemagazine wie die *Vogue* immer weiter ab, was sich in Umsatzeinbußen und rückgängigen Leserzahlen niederschlägt. Dies ist damit zu erklären, dass Modeblogger schneller und aktueller als die Printausgaben sind – nach einer Show auf der Fashion Week beispielsweise wird in der Blogosphäre noch am selben Tag über das Ereignis berichtet, während in den Zeitschriften erst zum nächsten wöchentlichen oder monatlichen Erscheinungstermin davon zu lesen ist. Außerdem bringen sie einen authentischen und persönlichen Touch rein, erfinden das Konzept von Werbung, Aufmerksamkeit und Streuung von Botschaften quasi neu. Schon im übernächsten Jahr wird Print von Social Media abgehängt. Zu diesem Ergebnis kommt der »Advertising Expenditure Forecast« von Zenith.[13]

Auch Firmen fühlen sich bedroht, wollen aber dennoch etwas von diesem großen und wachsenden Kuchen abhaben. Das zeigen beispielsweise RTL mit dem Netzwerk Runway/Blogwalk und Burda mit einer eigenen Content- und Influencer-Marketing-Plattform. »Brands you love« heißt das Portal, das Influencer mit Unternehmen zusammenbringt. Es vereint Burdas bisheriges Mikro- und Makroinfluencer-Netzwerk »Word of Mouth« mit Content-Kreation, Content-Verteilung, Markenbranding und Influencer Campaign Management. Burda will sich damit als Full-Service-Dienstleister positionieren, der die gesamte Organisation und Umsetzung der Kampagne aus einer Hand anbietet.

In der *moz* lese ich derweil: »Das nette Mädchen von nebenan plaudert im Netz über Schminken und ihr Leben – und macht nebenbei Werbung für bestimmte Produkte. Geschickt verpackt und als freundschaftliche Empfehlung dargestellt. Die Inhalte sind oft belanglos, die Hauptperson ist leicht aufgekratzt und redet ununterbrochen, die Video-Aufmachung soll amateurhaft wirken, dadurch publikumsnah.«[14] Was nicht gesehen wird: Ihr sagt niemand, wie sie reden soll. Sie redet ununterbrochen und ist leicht aufgekratzt, weil sie damit Unsicherheit überspielt oder es ihr einfach Spaß macht, dieses Video zu drehen, und sie aufgeregt ist. Niemand sagt ihr, dass sie aufgekratzt und redselig zu sein hat. Die Inhalte sind für die Autorin vielleicht belanglos, für die Tausende Jugendliche, die sich die Videos ansehen, aber Inspiration, Motivation oder Unterhaltung. Es ist irgendwie ein Generationsproblem, die Vorlieben der jeweils anderen Altersklasse nicht ganz ernst zu nehmen.

Bloggerin Masha Sedgwick schreibt dazu in einem ihrer Posts:

> *»Mal ernsthaft: Was tun diese jungen Frauen, dass sie wirklich so viel Hass und Abneigung verdienen? Tun sie einem wirklich weh mit ihren Selfies oder zwingen sie einen mit ihren Storys zum Konsum? Ich verstehe nicht, wie man Influencer so pauschal hassen kann – oder ist das wirklich nur alles Neid? Ist Instagram wirklich der Endgegner?*
>
> *Könnt ihr euch eigentlich vorstellen, wie nervig es ist, wenn der Job, den man verrichtet, ständig als ›keine richtige Arbeit‹ betitelt wird? Ja, sorry, dass ich etwas mache, das mir Spaß macht und das ich liebe, und dabei auch noch die Frechheit besitze, Geld zu verdienen. Ja, echt mal. Ich halte mich ganz offensichtlich nicht an das unausgesprochene Gesetz, dass Arbeit auf keinen Fall Spaß machen darf. Sonst ist es keine Arbeit.*
>
> *Nein, mal ernsthaft: Jetzt, wo ich so viel unterwegs bin und viele neue Menschen kennenlerne, merke ich es wieder: all die Vorurteile gegenüber Influencern. Und auch wie angenervt ich selbst von meiner eigenen Reaktion bin, wenn mich jemand nach meinem Job fragt und ich kleinlaut sage, dass ich Influencer bin – und anschließend noch eine Rechtfertigung hinterherschiebe.*
>
> *Dabei gibt es allen Grund, stolz zu sein, schließlich verdiene ich mein Geld, indem ich einem Beruf nachgehe, der mir Freude bereitet, meinem Leben einen Sinn gibt und mich nicht zu-*

letzt an die entferntesten Orte bringt. Warum sollte ich darauf nicht stolz sein dürfen? Warum hat der Begriff ›Influencer‹ selbst für mich so einen bitteren Nachgeschmack – fast schon etwas Verpöntes?«[15]

Influencer als Sündenbock für alles? Auch wenn die Szene durchgedreht ist, halbseiden oder oberflächlich, sie lässt sich nicht mehr wegreden. Das sei weit mehr als ein Hype, sagt auch Peter Figge von Jung von Matt.[16] Das hier sind reihenweise Marketinggenies, die sich autodidaktisch mehrere Fähigkeiten beigebracht haben. Die mit ihrer Art schaffen, mehr Menschen täglich zu begeistern, als so manches Printmagazin als wöchentliche Gesamtauflage hat. Ich bin dankbar, eine Reichweite zu haben, eine positive Botschaft zu vermitteln und mich zur Riege der Influencer zählen zu dürfen – das Bashing halte ich aus.

Antworten von den Profis der Branche

Zehn Fragen an Jil von jilicious-journey.com

@jiliciousjourney

1. *Als was würdest du dich beschreiben, als Bloggerin, Instagrammerin, Influencerin?*
   Als Influencer bezeichnet zu werden, empfinde ich als Kompliment, aber mich selbst so zu nennen oder es als Berufsbezeichnung zu verwenden, finde ich seltsam. Bloggerin gefällt mir am besten oder Content Creator beziehungsweise Storyteller.
2. *Was versuchst du mit deinen Instagram-Postings und deinem ganzen Online-Auftritt zu erreichen?*
   Ich möchte andere inspirieren, bewegen und für bestimmte Themen sensibilisieren. Angefangen hat alles mit meiner Ent-

scheidung, vegan zu werden. Daher stand ganz lange Zeit gesunde Ernährung (inklusive Tipps und Rezepten) im Vordergrund. Mittlerweile schreibe ich aber vor allem über Achtsamkeit, Selbstliebe und Spiritualität.

3. *Was macht dir am meisten Spaß an deinem Job?*
   Ich liebe den Austausch mit meiner Community. Durch meine Arbeit hab ich meine Leidenschaft fürs Schreiben entdeckt, und es ist das größte Kompliment für mich, wenn Menschen sich in meinen Texten wiederfinden. Außerdem mag ich es sehr, mit Fotografen zusammenzuarbeiten und meinen Geschichten und Emotionen so auch visuell Ausdruck zu verleihen.
4. *Was ist dein Prinzip in deinem Feed oder worauf achtest du bei deinen Fotos?*
   Ich folge keinem bestimmten Prinzip und stresse mich auch nicht, wenn ein Bild mal nicht hundertprozentig reinpasst – dennoch versuche ich zu erreichen, dass die Farben miteinander harmonieren. Da meine Texte für mich im Vordergrund stehen, fungieren die Bilder mittlerweile eher als »Illustrationen«. Ich möchte damit bestimmte Gefühle oder Stimmungen transportieren, eine kleine Welt schaffen, in die meine Leser eintauchen können.
5. *Welches war die schönste Kooperation, die du je umsetzen durftest?*
   Ich hatte superviel Spaß dabei, eine viermonatige Kampagne mit smart umzusetzen. Dabei ging es in erster Linie gar nicht darum, das Auto zu bewerben, sondern vielmehr meine Sommerabenteuer zu erzählen. Ansonsten liebe ich es, meine Reichweite vor allem für soziale Projekte oder zur Unterstützung nachhaltiger Start-ups nutzen zu können.
6. *Was denkst du, ist wichtig, um authentisch und glaubwürdig zu sein?*
   Es ist superwichtig, nicht so viel zu planen. »Sei einfach du selbst!« ist natürlich leichter gesagt als getan, aber je mehr man analysiert und versucht, ein bestimmtes Image aufzubauen, desto weniger echt wirkt der Content. Ich glaube, ehrliche Geschichten haben auf lange Sicht viel mehr Wert als perfekte

Feeds. Außerdem ist es natürlich wichtig, bei Kooperationen auf eine klare Linie zu achten und sich nicht zu verkaufen.

7. *Warum hast du dich entschieden, dir ein internationales Following aufzubauen und auf Englisch zu posten?*
   Mir war es von Anfang an wichtig, möglichst viele Menschen mit meiner Arbeit erreichen zu können, deswegen hab ich von Beginn an englischen Content produziert. Zum Glück! Ich kann mich auf Englisch viel besser ausdrücken.
8. *Welche Fotos auf Instagram oder welche Texte auf dem Blog kommen bei dir am besten an?*
   Immer, wenn es mir gelingt, wirklich ganz tief aus dem Herzen zu schreiben – das sind die Texte, für die ich am meisten Feedback bekomme. Die meistgelikten Bilder sind die, auf denen ich übers ganze Gesicht strahle – oder esse. Am besten Wassermelone.
9. *Wenn du etwas an der Influencer-Branche ändern könntest – was wäre das?*
   Ich wünschte, dass noch viel mehr Influencer ihren Einfluss bewusster nutzen würden. Ich find's schade, wenn es sich nur noch um Outfits, Make-up und perfekte Reiseziele dreht und Blogger immer mehr zu Konsum-Marionetten werden. Dabei entsteht so eine seltsame Scheinwelt ohne richtigen Inhalt, die gerade für die meist recht junge Zielgruppe gar nicht richtig einzuordnen ist. Und ich würde mir weniger unnötiges Ellbogendenken wünschen!
10. *Was ist dein wichtigster Tipp für alle, die jetzt mit einem Blog oder Instagram anfangen wollen?*
    Mach das, was DIR Spaß macht, und versuch nicht, auf irgendeinen Zug aufzuspringen, nur weil das vermeintlich gerade gut läuft! Find heraus, was DICH ausmacht, deine Ecken und Kanten, denn genau diese Kleinigkeiten werden es sein, die dich und deine Arbeit ausmachen und von anderen unterscheiden. Accounts mit #goals-Bildern gibt es zur Genüge – trau dich, neue Wege zu gehen.

3. Erfolgsfaktor Bloggen

»Generation Praktikum« titelten die Zeitschriften, als ich 2010 mein Journalistik-Studium begann, und mir war klar: Ich musste Erfahrungen sammeln, um mich am Ende in der Bewerbermasse von den anderen abzuheben. Anfang 2011 startete ich eine Baukasten-Webseite mit meinem eigenen Namen. Auf marieluiseritter.de stellte ich Freitagskolumnen online, jeden Freitag einen lustigen und bilderlosen Text, vorrangig, um meine texterischen Fähigkeiten zu verbessern. Im Sommer darauf zog ich die Seite zu Blogger.de um, wo ich mehr Möglichkeiten hatte. Ich veränderte meinen Namen, weil ich dachte, dass Persönlichkeit besser passt, seitdem heißt die Seite luiseliebt.de. Nächtelang saß ich da, googelte Tutorials und verschob im HTML-Code Bausteine, um zu sehen, was passierte, jedes Mal ein kleiner Überraschungsmoment. So änderte ich in mühseliger Kleinarbeit mein Design und passte alles an. Überschriften, Bildabstände, Darstellung, Auflösung. Ich war stolz, immerhin machte ich alles alleine. Es war das Hobby, das mir seit der Aufgabe meines Schwimmsports gefehlt hatte, etwas, in das ich all meine Leidenschaft steckte. Regelmäßig ging die Sonne auf, ohne dass ich gemerkt hätte, wie die Zeit verflogen war, in der Uni war ich chronisch übermüdet.

Immer, wenn ich vor dem Laptop saß, liebte ich die Arbeit an der Seite, ich tobte mich aus, dachte nach, las andere Blogs, wurde ein Teil der Blogosphäre. Im »echten Leben« war das damals noch anders. Ein bisschen unangenehm war es mir bei Unterhaltungen in der Hochschule schon, dass ich jetzt diesen Blog hatte, denn in meinem Studiengang stieß das auf kein großes Verständnis. Ich hatte ihn auf meiner Facebook-Seite geteilt und damit alle darauf aufmerksam gemacht, ohne mir etwas dabei zu denken. Heute bin ich mir sicher, dass das der Punkt war, an dem ich zu »dieser Komischen, die im Internet über sich selbst schreibt« wurde. Es war 2011, und ich war inmitten von Studenten, die nach ihrem Studium schreiben oder produzieren wollten, immerhin studierten wir alle Journalismus, und die nicht verstanden, warum ich mir, meinen Texten und meinen Bildern eine kreative Plattform gab. Paradox. Ich bin heute froh, dass ich mich nicht beirren ließ und einfach weitermachte. Nur das mit den Facebook-Shares auf meiner privaten Seite, das ließ ich fortan. Outfits, Ideen, kurze Texte – auf meinem Blog postete ich alles, was mir in den Sinn kam.

Anfang 2012 zog ich für ein Semester nach Schweden und machte meine neue schwedische Heimat zum Mittelpunkt des Blogs. Ich spazierte durch die Natur und bloggte darüber. Stapfte stundenlang mit der Kamera durch den Schnee und an zugefrorene Seen, reiste nach Stockholm und Oslo und veröffentlichte alle Fotos, die ich dort machte, als Reisebericht, fotografierte die Outfits der Mädchen aus meinem Wohnheim, backte und kochte und teilte die Ergebnisse. Ich schrieb und schrieb, manchmal literarisch und verworren, manchmal als stoisches und füllwörterloses Abtippen des erlebten Alltags, und merkte mehr als in jeder Reportage-Vorlesung, wie genau mein Schreibstil mir am besten gefiel, was ich machen und wie ich mich ausdrücken wollte.

Aus Schweden zurück in Hannover, saß ich in einem Kurs namens Online 1, in dem wir einen Blog erstellen sollten, um zu sehen, wie das geht. Der Dozent bestand darauf, dass als Blogplattform Tumblr ausgewählt wurde, und ignorierte meine Hinweise, dass Tumblr sich als Inspirationswebseite und für das Teilen und Pinnen von Bildern eignet, nicht aber als Blog. Ich bloggte auf blogger.com und dachte damals über einen Umzug zu WordPress nach, der Professionalität und der Möglichkeiten wegen. Da meine Meinung zum Thema nicht gefragt war, duckte ich mich hinter meinen Computer, ignorierte die Aufgabenstellung (»Schreibe einen Vorstellungspost mit 100 Wörtern über dich selbst!«), stellte einen neuen Rezeptpost zusammen und beantwortete meine Leser-Kommentare, während alle um mich herum mit Tumblr experimentierten.

Ich weiß nicht, was ich heute machen würde, hätte ich mich in all diesen Situationen beirren lassen. Ich blogge seit sieben Jahren, es hat mir Türen geöffnet, Praktika ermöglicht, mich auf Events meine heute besten Freundinnen kennenlernen lassen, mein waches Auge und meinen Schreibstil geschult, meine Kreativität gefördert und mich durch das »Rausschreiben« auch psychisch oft weitergebracht.

Die Entstehung von Blogs

»Another way to spell conversation is b-l-o-g.«[17]

Weblogs sind Online-Publikationen, die Ende der 1990er-Jahre als Tagebücher im Netz ihren Anfang nahmen. Heute sind sie vollständig etabliert und Sinnbilder für Persönlichkeiten, Schnelligkeit, Vernetzung und Dialog im Social Web. Der Begriff ist ein Neologismus aus den Wörtern »Web« und »Log(buch)«. »Blog« ist dabei die synonym verwendete, gebräuchlichere Kurzform. Von zahlreichen Experten werden Blogs als Kern des Social Web, wenn nicht sogar als Ursprung gesehen. Bezeichnend ist ihr immer ähnlicher Aufbau aus rückwärts chronologisch geordneten Beiträgen, die eine Interaktivität in Form von Kommentaren erlauben.

Während einige der Ansicht sind, die wissenschaftlichen Datenbanken von Tim Berners-Lee seien der Beginn der Weblogs, kann man die offizielle Ära wohl ab 1997 einläuten, als der Amerikaner John Barger als Erster diesen Begriff für sein Online-Tagebuch benutzte. Während Weblogs bereits 2004 bei den US-Präsidentschaftswahlen eine Rolle spielten, wurden sie in Deutschland erstmalig 2006 als Begrifflichkeit mit der Aufnahme in den Duden festgehalten. Begünstigt durch die Schnelligkeit des Online-Mediums, etablierten sich Weblogs als Kommunikationsmittel vor allem im Zuge von Katastrophen und Ereignissen wie dem Tsunami 2006. Einer der Pioniere des Bloggens auf deutscher Ebene war der Politiker Guido Westerwelle, der zu seiner Wahlkampftour 2002 ein

Online-Tagebuch führte – allerdings damals noch ohne die Möglichkeit der Interaktion durch Kommentare oder Verlinkungen.

Blogs können ein exponentielles Wachstum verzeichnen: Waren es Mitte des letzten Jahrzehnts noch 24 Millionen, existieren derzeit mehr als 300 Millionen Blogs weltweit. Die exakte Zahl von Blogs ist jedoch unmöglich zu bestimmen, da inaktive Blogs nicht gelöscht werden und sich das Medium zu schnell verändert. »Es ist diese Einfachheit des Publizierens, die aus Blogs ein Massenphänomen gemacht hat.«[18]

Zur kategorischen Einteilung von Blogs gibt es verschiedene Auffassungen. Huber differenziert in zwei Sparten: die einen wollen am Wissen, die anderen am Leben teilhaben lassen. Beck dagegen unterscheidet Blogs in drei Kategorien: persönliche Online-Journale oder -Tagebücher, (laien-)journalistische Blogs und Corporate Blogs. Persönliche Blogs, auf die ich mich in der vorliegenden Ausarbeitung konzentrierte, zeichnen sich vor allem dadurch aus, dass Identitätsmanagement und private Kommunikation vor Information und Meinungsbildung stehen. Zwischen ernsthaftem journalistischen Interesse und privatem Tagebuch sind die persönlichen Modeblogs einzuordnen, auf die ich in den kommenden Kapiteln das Hauptaugenmerk lege.

Persönliche Blogs behandeln vielfältige Themen zwischen Lifestyle und Alltag. Dies und die Kurzweiligkeit durch die hohe Aktualisierungsfrequenz lassen Blogs gegenüber klassischen Publikationen eher trivial und weniger qualitativ hochwertig wirken. »Hierbei wird übersehen, dass sich diese Masse an Menschen, die so formierte Community mit ihren massiven thematischen oder privaten Verlinkungen untereinander verständigt. Damit wird die Blogosphäre zu einem Machtfaktor.«[19]

In Deutschland stehen fürs Bloggen bisher die intrinsischen Gründe im Vordergrund: Gebloggt wird hier hauptsächlich zum Spaß. »Zum Selbstverständnis vieler Blogger gehört das Postulat, nicht für die Leser zu schreiben, sondern für sich selbst. Wer scheinbar auf möglichst große Quote bloggt, gilt als zutiefst verdächtig. Das machen die Massenmedien ja schon zur Genüge: alles der Pflicht unterordnen, möglichst viele Menschen zu erreichen«, sagt Stefan Niggemeier.[20]

Was Jean-Remy von Matt 2005/06 noch als »die Klowände des Internets« bezeichnete, mausert sich trotz Niggemeiers These zu einem ernst zu nehmenden Berufszweig. Die Professionalisierung des Bloggens schreitet auch in Deutschland fort. »Während es etwa in den USA fast schon gang und gäbe ist, so ist ein Leben rein als Blogger hierzulande noch relativ schwierig, wenn auch längst nicht mehr unmöglich.« (Firnkes, 2012, S. 383). Verschiedene Blogs haben eine Multiplikatorfunktion erreicht, was unter anderem auf die Authentizität und Persönlichkeit des Bloggers zurückzuführen sein kann (vgl. Fischer, 2010, S. 184).

Laut Zerfaß und Boelter (2005, S. 88) ist für Erfolg »die digitale Reputation, das heißt die Zuschreibung von Kompetenz und Identität« entscheidend. Durch authentische Berichterstattung und Kommentierung sowie Vernetzung, kurz »Passion and Hubness«, ließe sich ein guter Ruf erarbeiten und die eigene Reputation im Netz leiten (vgl. ebenda). Der Vernetzungsgrad misst hierbei die Verbindungen zu anderen Akteuren und Blogs. »Wie viele Kommentareinträge ein Weblog bekommt und wie viele andere Websites und Blogger auf einen Blog verlinken, sind verlässliche Größen für seinen Einfluss und Indikatoren für eine neue Form von immateriellem Kapital.«

Warum du ab heute bloggen solltest

Die meisten Leute, die gern Projekte umsetzen, nähen, backen oder schreiben, haben dennoch unheimliche Berührungsängste mit dem Thema Bloggen. Nee, das ist nichts für mich, eine eigene Seite für mich allein? Ich brauche so etwas nicht. Oder vielleicht doch?

Es ist kostenlos, du brauchst keinen Verlag, verbesserst deine Schreibe, fokussierst deine Denke, kannst deine Kreativität ausleben und das Wichtigste: Bloggen lässt dich von vorne herein einen potenziellen Kundenstamm aufbauen, wie man in der Vertriebssprache sagen würde. Hier ein paar Gründe für's Bloggen:

1. Du verbesserst deinen Schreibstil.
2. Du hast einen Platz, indem du Gedanken, Ideen und Inspiration verarbeiten kannst.
3. Du kannst dir ein Portfolio für deinen Job bauen.
4. Du kannst über dein Hobby schreiben.
5. Du kannst viele deiner Interessen miteinander verbinden und dich jeden Tag neu erfinden.
6. Du bekommst neue Perspektiven und lernst dazu.
7. Du kannst viele nette Leute kennenlernen, die mit dir auf einer Wellenlänge sind.
8. Du bist dein eigener Boss und kannst tun und lassen, was du willst.
9. Du lernst in Bereichen wie Fotografie, Texten oder Programmieren dazu.
10. Bloggen wird später eine wichtige Referenz in deinem Lebenslauf sein, denn Online ist die Zukunft!

Es richtig machen: Professionalität

Die zehn Steps zu einem professionellen Online-Auftritt

1. Eine eigene Domain und eine eigene WordPress-Installation

Zu Anfang kann man sicherlich mit einer meinneuerblog.wordpress.com-Domain leben. Wenn du das aber professionell aufziehen möchtest, kann ich dir nur empfehlen, dir direkt eine eigene Domain inklusive Server zu registrieren und darauf WordPress selbst zu hosten. Dadurch hast du mehr Freiheiten, mehr Möglichkeiten, mehr Eigenständigkeit und eine richtige Domain.

Such dir einen Serveranbieter, bei dem du deine Domain inklusive Webspace kaufst, oft werden Packages angeboten zu einem monatlichen Abo-Modell, bei denen du abschätzen musst, ob dir eine Domain reicht oder du auch namensverwandte Domains und andere Endungen, zum Beispiel DeinBlog.com, DeinBlog.net, zu deiner .de-Adresse umleiten willst. Auch empfiehlt sich, seine Domain mit www.deinBlog.de auf deinblog.de umzuleiten.

Dann kannst du auf deinem Server die neuste WordPress-Version installieren, die meisten Anbieter helfen dir da auch mit Tutorials und FAQ-Seiten.

An dieser Stelle ist reinfuchsen angesagt, Google und einige Nachtschichten waren mir für mich immer eine gute Kombi. Und ich finde, es ist ein unheimlich tolles Gefühl, so etwas alleine hinzubekommen, statt es in fremde Hände abzugeben.

2. *Eine »richtige« E-Mail-Adresse*

Eine richtige E-Mail-Adresse ist wichtig, denn mit kuschelfrosch91@web.de (falls jemand jetzt da hinschreiben will, die gehört mir, aber ich habe das Passwort seit 2009 vergessen) handelt niemand gerne Kooperationen aus. Es war ein Aufwand von 15 Minuten, mir hallo@luiseliebt.de für meinen Blog und info@marieluiseritter.de für meine Social-Media-Beratungsseite im Backend meines Servers anzulegen. Das macht in der Kommunikation wirklich viel aus. Die meisten Blogger haben »hallo«, »hello«, »contact«, »management«, »bookings«, Vorname oder »info« vor dem @ stehen. Du kannst dir natürlich auch zwei verschiedene Mailadressen anlegen und sie im Impressum listen, zum Beispiel eine für Leseranfragen und eine für Agenturen und Firmen, wenn es dir wichtig ist, das getrennt zu halten, um vielleicht die Management-Seite mal irgendwann abgeben zu können.

3. *Ein klares Bloglayout*

Als Blogger gehört es dazu, einfache HTML-Codes zu kennen und zu wissen, wie das System hinter deinem Blog aufgebaut ist, wo du was ändern kannst. Dann geht es ans Layout deines Blogs: Wenn du dir andere, große, erfolgreiche Blogs anguckst, merkst du, dass alle recht einfach oder minimalistisch gehalten sind, weiße Hintergründe, schwarze Schriften, klarer Aufbau, keine Überforderung fürs Auge.

Auch wenn man sich, nachdem man alles selbst installiert hat, fühlt, als könnte man die Blogosphäre neu erfinden, anders sein, und sich abheben möchte: Weiße Schrift auf schwarzem Hintergrund wird verwendet, weil es für das Auge besser lesbar ist, auf Comic-Sans-Schriftarten oder Glitzerüberschriften wird auch aus gutem Grund verzichtet. Das solltest du auf jeden Fall bedenken.

Schau dir erfolgreiche Blogs an und versuche, Gemeinsamkeiten zu entdecken und zu imitieren, ohne zu kopieren. Minimalistisches Design, eine klare Bildsprache, hohe Qualität und eine leicht lesbare Schriftart sowie ein nicht aufgeladenes Design sind alles! Lass dich inspirieren, ohne nachzumachen, erkenne Erfolgskriterien, die du auf dich und deinen persönlichen Stil übertragen kannst. theblondesalad.com, stylescrapbook.com, sincerelyjules.com oder songofstyle.com gehören zu den größten weltweiten Blogs, bei deren Layout du dir Inspiration holen kannst.

Für mich sind die wichtigsten Punkte bei der Erstellung oder Auswahl eines Blogdesigns:

- Header
- Menüleiste/Navbar
- Social-Media-Icons
- Responsive-Funktion
- Kommentarfunktion ja/nein,
- About-me-Seite
- Suche
- Share-Möglichkeiten
- Impressum

4. Die neun wichtigsten Plug-ins

Plug-ins optimieren deine Seite, verschönern sie oder bieten nützliche Hilfen, die schwer selbst zu programmieren sind. Kontaktformulare, eine Weltkarte mit einem Punkt, an dem du dich gerade befindest, ein Kalender oder deine neusten Instagram-Bilder sind eine nette Spielerei, die deinen Blog aufwerten und personalisieren. Hier liste ich dir meine Favoriten auf:

Antispam Bee	ein Plug-in, das dir Spam-Kommentare vom Hals hält.
Back-up	Back-ups sind wichtig! Damit kannst du regelmäßig deine Bloginhalte als Zip-Datei downloaden.
Google Analytics	Statistiken, die du für Markenkooperationen brauchst oder um selbst für dich zu tracken, wie welcher Beitrag performt hat. WP Statistics habe ich zusätzlich zum Vergleich installiert. Google Analytics ist aber genauer.
Ultimate Nofollow	Bezahlte Links müssen auf Nofollow sein, da es verboten ist, das Google Ranking durch bezahlte Backlinks zu beeinflussen. Wer von HTML wenig Ahnung hat, ist mit einem Plug-in bestens beraten. Damit kann man bei jedem gesetzten Link einzeln entscheiden, ob er Dofollow (unbezahlt) oder Nofollow (bezahlt) sein soll.
WP Retina 2 x	hilft, auf Retina-Displays deine Fotos in bester Auflösung darzustellen.
WP Super Cache	optimiert die Ladezeit deines Blogs.
Lazy Load	ebenfalls ein Tool, um die Ladezeit deines Blogs zu verkürzen. Das Plug-in lädt die Bilder deines Plug-ins immer nur so weit, wie gerade gescrollt wird.
Yoast SEO	ein SEO-Tool. Du kannst jeden Blogpost individuell SEO-optimieren, um dein Ranking bei Google zu verbessern.
Cookie Notice	Webseitenbetreiber sind dazu verpflichtet, eine Cookie-Meldung für den User anzuzeigen und sein Einverständnis einzuholen, was bei WordPress bislang leider nicht automatisch geht.

Es empfiehlt sich, sich jeweils Plug-ins für Back-ups, Anti-Spam oder Statistiken anzulegen. Deine Plug-ins müssen regelmäßig gewartet werden. Wenige, aber die richtigen Plug-ins, ein gut gebautes Design und in komprimierter Größe hochgeladene Fotos verkürzen die Ladezeit deines Blogs! Versuche immer, daran zu denken, weil User auch mal mit schlechtem Internet oder aus den abgelegensten Regionen auf deinen Blog zugreifen wollen. Vorsicht mit Fremdhostern: Du kannst deine Fotos auch auf extra Hostingplattformen hochladen. Ich habe das von 2012 bis 2014 gemacht, ImageBanana hieß die Seite, da die Bilder für eine verkürzte Ladezeit nur per Link eingebunden wurden. Doch dann ging meine Festplatte verloren und die Seite offline – meine Posts aus diesem Zeitraum sind also heute alle bilderlos. Prüfe also, welchem Fremdhoster zu vertraust.

5. Impressum

Um rechtlich abgesichert zu sein, solltest du dir direkt nach Erstellung deiner Seite ein Impressum anlegen, das von der Startseite aus mit einem Klick zu erreichen ist. Du kannst es in den Footer einbinden. »Adresse auf Anfrage« ist dabei aus Gründen der Privatsphäre ganz schön, aber leider rechtlich nicht ausreichend. In Deutschland muss jeder Betreiber einer Webseite diese mit einem Impressum und einer ladungsfähigen Offline-Adresse sowie E-Mail-Adresse versehen.

6. Erreichbarkeit: Es ist ein Sieben-Tage-Job

Ich checke alle drei Stunden meine Mails. Ich habe das Mail-Postfach nicht dauerhaft offen, weil mich das ständige Pingen ablenken würde. Ich habe gemerkt, dass ich produktiver bin, wenn ich nicht sofort auf alles reagiere, sondern alle 180 Minuten reinschaue und dann 20 Minuten lang alles abarbeite, was reingekommen ist. Ich bin süchtig nach dem Gefühl, mein Postfach komplett leer zu bekommen. Deswegen schaue ich meistens ab 20 Uhr noch einmal rein, um wirklich alles abzuarbeiten, da um die Uhrzeit keine Antworten mehr kommen. Das gibt mir mehr Ruhe beim Beantworten und Klären meiner Standpunkte.

Social Media schläft am Wochenende nicht, das ist kein Job wie jeder andere. Freitags ab- und erst montags wieder aufzutauchen ist keine Option. Damit würdest du dir sogar selbst schaden: Die Klickzahlen sind am Wochenende um einiges besser als unter der Woche, da die Menschen Zeit haben, sich mit deinem Content zu beschäftigen. Das ist zum Beispiel ein Grund, warum so viele YouTuber Videos am Sonntag veröffentlichen. Nutz das für dich!

7. Hohe Qualität: Welches Equipment brauche ich?

Professionalität bedeutet Qualität. Hochwertige Fotos statt Spiegelselfies, eine gute Kamera statt nur das Handy, jemanden, der sich mit Fotos auskennt, statt Mama, die »schnell mal knipst«. Mit der Zeit wird man natürlich besser und lernt selbst, worauf es ankommt. Trotzdem lohnt es sich, beim Blog in gutes Equipment zu investieren. Ich habe am Anfang mit einer Einsteiger-Spiegelreflexkamera fotografiert und kann außerdem das 50mm-Festbrennweiten-Objektiv (1,8 oder 1,4) empfehlen. Am Laptop bearbeite ich mit der Adobe Suite – Lightroom und Photoshop für Fotos und Premiere für Videoschnitt. Eine monatliche Investition, die sich für mich absolut rentiert. Für Insta Story sind Apple-Produkte außerdem definitiv zu empfehlen. Die meisten Android-Handys filmen nur den Bildschirm ab, statt auf die Kamera zuzugreifen, was die schlechte und verpixelte Optik in Insta-Storys erklärt.

Bei aller Qualität darf es natürlich auch ab und zu ein Spiegelselfie oder eine nicht ganz perfekte Aufnahme sein – zu perfekt zu wirken macht unsympathisch und wirkt vor allem unauthentisch. Du musst natürlich nichts inszenieren, was du nicht bist. Finde die Balance, die dich widerspiegelt, und habe einen hohen Anspruch an deine eigene Arbeit, ohne übertrieben perfektionistisch zu werden.

8. Volles Commitment

Für einen professionellen Auftritt ist es außerdem wichtig, das, was du machst, entschieden und zu 100 Prozent zu tun. Fünf Facebook-Postings und dann ein halbes Jahr nichts kommen da nicht infrage. Wichtig ist eine regelmäßige Bespielung der Kanäle: Entscheide dich, was du nutzen willst, und nutze das dann professionell. Fang nicht halbherzig mit Pinterest an, wenn du den Wert für dich eigentlich (noch) nicht siehst. Such dir Routinen, die für dich passen. Du könntest einmal im Monat alle deine neuen Inhalte auf Pinterest in passenden Boards verlängern, immer sonntags deine Woche zusammenfassen und immer freitagabends wirklich jede einzelne reingekommene E-Mail abarbeiten. Gib dir selbst eine realistische Einschätzung, wie viele verschiedene Kanäle du zeitlich mit gutem Content bespielen kannst.

9. SEO – Linkbuilding

Mit einem Plug-in wie Yoast kannst du dich an die Suchmaschinenoptimierung deines Texts machen. Das empfiehlt sich bei Texten, die Themen behandeln, nach denen Leute suchen könnten (»10 schnelle Frühstücksrezepte«, »Wie ich mich im Winter motiviere«, »Meine Tipps zum Bachelorarbeit schreiben«), nicht bei den Posts, in denen du von deinem Wochenende erzählst.

Zur Optimierung gehören schlagkräftige Zwischenüberschriften, Fotos und Videos und Keywords, die im Zusammenhang mit deinem Thema stehen. Dass ein Text mindestens 700 Wörter haben muss, ist absolut überholt. Egal wie lang oder kurz, die Relevanz des Textes muss passen, um von Google gut gerankt zu werden. Für die Google-Bildersuche kannst du außerdem deine Bilder mit passenden Namen und Alt-Tags hochladen (»Luiseliebt_Tipps_Frühstück_Rezepte.jpg« statt »DCMI_7811«).

Verlinkungen im Text: Die Faustregel lautet, in jedem Post mindestens einen internen und einen externen Link zu setzen. Einen zu einem deiner bisherigen Beiträge, der vielleicht weitere Informationen bereithält, und einen zu einer externen Seite, wie Affiliate-Links oder Verweise auf gute Artikel von Journalisten oder anderen Bloggern. Das hilft nicht nur dem Linkbuilding, sondern schafft Mehrwert für den Leser.

Auch Unique Content, also denselben Content nicht auf mehreren Blogs zu streuen und dich innerhalb eines Textes nicht zu wiederholen, verbessert dein Ranking. Pinterest-Boards können außerdem deine Sichtbarkeit verlängern.

10. Ein guter Content-Plan: der Jahres-Redaktionskalender

Um immer gut vorbereitet zu sein und keine Gelegenheit für wirklich gute Blogposts zu verpassen, lohnt es sich, einen Content-Plan auf Jahressicht anzulegen. Wann sind Fashion Weeks, sofern man welche besuchen will, oder alternativ wichtige Messen, Events? Welche Zeit ist am besten für einen Trip in welche Stadt? Wie könnte man das auf dem Blog anteasern oder nachfassen? Wie oft musst du Shootings einplanen, um immer mit neuem Bild-Content versorgt zu sein? Wie kannst du Frühlingsgefühle, Sommerabenteuer, Weihnachtsstimmung, Besinnlichkeit, Winterfestigkeit und den bunten, kuschligen Herbst mit in deinen Content-Plan aufnehmen und so deinen Content aufwerten und gleichzeitig Leute abholen? Hab immer ein Notizbuch zur Hand oder deine Notiz-App in deinem Handy gut sortiert, um deine Ideen für neuen Content direkt aufzuschreiben. Stetige Content-Entwicklung, um nicht uninteressant zu werden, gehört dabei zur Professionalität, genauso wie die Vernetzung deines Contents – auf Instagram Story für einen neuen Podcast Werbung machen, Inspiration Boards auf Pinterest anlegen oder deine Videos auch in Blogposts einbinden. Dabei sollte sich dein Content auf keinen Fall kannibalisieren: Wenn du deine ganze Woche auf Insta-Storys zeigst, kannst du nicht einen genau ähnlichen YouTube Vlog über deine Woche hochladen. Du kannst das Ganze natürlich abwandeln – perfekt ist dein Content, wenn er sich ergänzt, aber verschiedene Blickwinkel auf deine Erlebnisse zeigt. Ich stelle auf YouTube gerne meine fertigen Travel Diaries, auf Insta Storys zeige ich ein »behind the scenes«.

Ein wöchentlicher oder monatlicher Content-Kalender kann dir auch helfen, alle deine Postings im Blick zu behalten und keinen zu vergessen. Ich führe meinen in einer Excel-Tabelle, in dem sich neben dem Datum und dem Wochentag jeweils eine Spalte für Titel, Inhalt, bezahlt/nicht bezahlt, und falls es eine Kooperation ist, ein Hinweis auf Deadline, Posting-Termin und Rechnungsnummer befindet.

Worüber soll ich schreiben? Content-Ideen und die richtige Aufbereitung

»Aber was soll ich denn posten?« ist die Nummer-eins-Frage, die ich von interessierten Freunden oder am Anfang jeder Social-Media-Beratung gestellt bekomme: Content als großes Mysterium.

Themenfindung Blog

1. Was interessiert dich selbst? Möchtest du informieren, inspirieren, kritisieren, zum Nachdenken anregen oder dir etwas von der Seele schreiben?
2. Was könnte andere von dir interessieren? Vielleicht deine Sportroutine, wie deine Sportart genau funktioniert, deine Tipps etc.?
3. Sammle Inspiration. Wenn du noch nicht weißt, was du selbst willst, sieh dich auf anderen Blogs um, klick dich durchs Netz und erstell eine Liste, welche Posts dir selbst am meisten zugesagt und beim Lesen Spaß gemacht haben.

Der perfekte Blogpost

Organisation

Wenn du über die Highlights deiner Woche schreibst, versuch nicht, am Sonntag zusammenzukriegen, was du getan hast, sondern mach dir die ganze Woche über Notizen, halt jeden Gedanken sofort fest. So musst du dich sonntags nur noch durch deine Notizen wühlen und einen Post zusammenbasteln, so mache ich es zum Beispiel bei meinem »Weekly«. In Kategorien wie »Gelesen«, »Gefilmt« oder »Gescreenshottet« teile ich interessante Bücher und Online-Artikel, meine neusten Videos oder Dinge, die ich festgehalten habe. Jeden Online-Artikel, den ich lesenswert finde, speichere ich ab in einem Ordner unter meinen Lesezeichen, so geht die Zusammenstellung am Freitagabend immer recht fix und ist trotzdem authentisch, nah dran. Man merkt einem Text an, wenn die Worte und Bausteine zusammengesucht werden mussten. Bilder, Textbausteine, Videos und andere Einbindung gehören immer gut organisiert und abgelegt.

Ein flüssiger Schreibstil

Ich stolpere öfter auf Blogs über Formulierungen wie »Es war einfach so lecker!«, was völlig okay ist, wenn die Sätze davor nicht »Ihr müsst das unbedingt ausprobieren! Das beste Essen meines Lebens!« waren. Das klingt eher wie ein Aufsatz der fünften Klasse denn wie ein guter Blogpost. Schreib flüssig, ohne durch unnötige Ausrufezeichen oder Füllwörter das Auge beim Lesen zu stoppen. Schreib so, wie es sich für dich gut anfühlt, oder so, als würdest du deiner besten Freundin diese Geschichte erzählen. Übe vielleicht auch einfach mal Schreiben und Geschichtenerzählen, indem du dich in ein Café setzt und Beobachtungen notierst. So zum Beispiel könnte das aussehen:

> *»Ich sitze im Café, arbeite konzentriert am Laptop und würde ich es nicht besser wissen, würde ich glauben, der Mann neben mir versucht, mit den Hufen zu scharren. Vor dem Café stehen acht Tische, wir sind hier draußen nur zu zweit. Er steht auf, setzt sich wieder hin, räuspert sich, lehnt sich zurück, streicht die Tageszeitung knisternd glatt, setzt sich auf, überschlägt die Beine, liest in einer Zeitschrift, klappt sie wieder zu, haut mit den Absätzen seiner Anzugschuhe klackend auf den Boden. Ich kann mich nicht mehr konzentrieren, er macht mich nervös. Er erinnert mich an mich selbst, als ich*

> *neun Jahre alt war und am Sonntag um 6:23 Uhr wollte, dass meine Geschwister endlich aufwachen. Ganz zufällig Dinge umschmeißen, Krach machen, unruhig sein, alles tun, um die Aufmerksamkeit auf sich zu ziehen.«*

Finde deinen Schreibstil, und probiere vielleicht anhand dieses Beispiels aus, wie du die Situation erzählen würdest. Weniger Aufzählungen? Mehr Adjektive? Worauf würdest du noch eingehen, welche Beobachtungen fehlen dir vielleicht?

Wie bekomme ich Leser?

Der wichtigste Erfolgsfaktor: Geduld.

> *Bloggerin Marnette sagt: »The biggest mistake most wannabe bloggers and social media influencers make is wanting to have everything too quickly. It takes time to create good content, to have a nice image, to have credibility, and finally to get the attention of big brands. I have been doing it for four years, and before that I ran forums for around two or three years. During the first two years of blogging, I didn't do any collaborations with brands and I almost had no followers or readers on the blog.«*[21]

Mach dir klar, dass es beim Bloggen vor allem um ein Hobby geht, mit dem man irgendwann eventuell lukrativ arbeiten kann. Aber vor allem muss es Leidenschaft, Herzblut sein. Wer nur wegen Budgets oder Pressesamples startet, wird zu wenig Geduld haben, sich seine Reputation und Relevanz über ein paar Jahre ohne sämtliche Einnahmen aufzubauen. Eigene Leser zu bekommen dauert lange – je nachdem, wie gut man auf sich aufmerksam macht. »Schau auf meinem Blog vorbei« ist dabei eine gern genommene Option, die bei anderen in die Kommentare platziert wird – der Aufruf, den Blog zu besuchen, ist dabei meist länger als der Kommentar selbst. Auch wenn ich kein Fan davon bin, finde ich diese Art Werbung für sich okay, wenn man sie mit echtem Interesse an der anderen Person kombiniert. Wieso sollte ich gespannt auf einen Blog klicken, der meinen langen Beitrag auch nur mit einem »Toll! Schau auf meinem Blog vorbei!« kommentiert hat? Ist der Kommentar dagegen länger, interessant oder bezieht sich schlicht nur auf meinen Inhalt und legt seine Meinung zum Thema dar, bin ich sehr interessiert daran, mir die andere Person einmal anzusehen. Denkt daran, wenn ihr Werbung für euch selbst macht – Interesse muss immer auf beiden Seiten vorhanden sein.

Geduld und Leidenschaft helfen dabei definitiv. Hätte ich meinen Blog gestartet, um Geld zu verdienen oder möglichst viele Leute anzusprechen, hätte ich mit Sicherheit schon längst wieder damit aufgehört. Blogge für dich selbst, lege Herzblut und Leidenschaft rein und zeig deine Persönlichkeit, dann machst du auch auf dich aufmerksam und bekommst interessierte Leser.

Instagram hat sich für Blogger und die Werbung für ihren Content inzwischen zum Zentrum gemausert. Viele fangen heute mit Instagram an – und denken erst später über einen eigenen YouTube-Kanal oder Blog nach. Instagram ist ein Sprungbrett, und nirgendwo geht es wahrscheinlich schneller und einfacher, auf einen Blick die eigene Message zu promoten und auf sich aufmerksam zu machen. Manche bezeichnen das als Mikroblogging: Bilder und Captions als die komprimierte Version eines Blogposts.

Als ich angefangen habe zu bloggen, gab es die App noch nicht. Ich habe über Blog-Communitys wie Bloglovin' oder Kommentarspalten auf mich aufmerksam gemacht. Folgen konnte man damals über einen bloggerinternen Feedreader. Als dieser Dienst geschlossen wurde, gab es einen Aufschrei – wie sollte man jetzt nachweisen, wie viele Personen den eigenen Blog lesen? Facebook-Seiten waren in 2012 noch zu wenig ausgebaut, auf einmal sah jeder Blog wieder wie der andere aus. Bis Blogger anfingen, die 2010 gestartete App für sich zu entdecken. Irgendwann 2013 oder 2014 fing es an, dass die ersten deutschen Blogger die 10.000 und dann 50.000 knackten, sich langsam die großen Player rausbildeten.

Auf einmal war alles einfacher: Man hatte eine App, in der sich alle befanden, in der man einfach folgen und zurückfolgen konnte. Es war eine Vereinfachung, aber auch eine Kannibalisierung der Blogosphäre. Heute haben viele Blogger aufgehört oder konzentrieren sich nur noch auf Instagram. Wenn die Rede von Influencer-Marketing ist, fällt das Wort »Instagram« immer noch im gleichen Satz, das Wort »Bloggen« erst zwei Sätze später. Egal wie viele Leser dein Blog hat, egal wie lange du es schon machst oder worüber du schreibst: Wenn es dir Spaß macht, dann ist es definitiv das Richtige für dich und du solltest unbedingt dranbleiben.

Die acht schlimmsten Klischees übers (Mode-)Bloggen

1. Bloggen ist keine Arbeit.
2. Blogger schwimmen alle im Geld.
3. Blogger sind nie schlecht drauf oder gar krank.
4. Blogger werden für alles, was sie posten, bezahlt.
5. Blogger fotografieren jedes Essen.
6. Blogger wohnen alle in sterilen, weißen Wohnungen.
7. Blogger sind immer gestylt unterwegs.
8. Blogger haben alle einen Fotografen als Freund.

Antworten von den Profis der Branche

Zehn Fragen an Aminata von youtube.com/aminatabelli

@aminatabelli

1. *Was weiß auf Instagram jeder über dich?*
   Dass ich nicht so viel auf Normen und Regeln gebe.
2. *Was ist dein Prinzip in deinem Feed und worauf achtest du bei deinen Fotos?*

Ich habe kein Prinzip, es muss einfach real sein und sich gut anfühlen.

3. *Magst du das Wort »Influencer« oder würdest du dir ein anderes wünschen?*
   Ich mag es nicht so besonders, da wir uns doch alle beeinflussen. Die einen halt mit mehr Reichweite und die anderen mit weniger.
4. *Wie würdest du deine Nische, deine Ausrichtung in einem Satz zusammenfassen?*
   Ich mache das, was mir gefällt, und teile es mit Leuten, denen das auch gefällt.
5. *Welches war die schönste Kooperation, die du je umsetzen durftest?*
   Eine Wahlkampagne der *FAZ*, mit der wir für mehr Wahlbeteiligung gekämpft haben.
6. *Mit welchen fünf Tätigkeiten verbringst du an einem typischen Tag hauptsächlich deine Arbeitszeit?*
   E-Mails, Telefonate, Instagram, WhatsApp, Overthinking.
7. *Was ist die kurioseste/seltsamste/schlimmste Kooperationsanfrage, die du je bekommen hast?*
   Seltsam sind die Anfragen, bei denen vergessen wird, den Namen in der Anrede oder den YouTube-Channel/Blognamen auszutauschen.
8. *Hast du mal Phasen, in denen du keine Lust mehr hast auf Instagram?/Musst du dich manchmal zwingen, etwas zu posten?*
   Ja, dann poste ich aber auch einfach nichts. Ich lass mich nicht gern zwingen.
9. *Wie sehr steht man unter Druck, dass man immer mehr Follower gewinnt als verliert?/Was ist wichtiger, Follower oder Likes?*
   Ich dachte immer, Likes sind wichtiger, ist ja logisch, aber ich merke, dass viele Menschen nur auf die Followerzahl schauen. Also anscheinend Follower!
10. *Welches Foto würdest du niemals posten?*
   Nacktfotos, das würde auch bei Mama nicht gut ankommen.

4. Instagram

Das Leben im Quadrat

Instagram startete Ende 2010 als virtuelles Fotoalbum mit quadratischen Bildern, die vorhandenen Rahmen und Bearbeitungsfilter erinnerten an Polaroidkameras. Viele User meldeten sich an, um die kostenlosen Filter zu benutzen und Fotos mit dem Vintage-Look aufzuhübschen. Irgendwann kam mit steigender Nutzerzahl auch ein Community-Gefühl auf: Die Mischung aus Mikroblog und audiovisueller Plattform überzeugte die Masse, Instagram war mehr als das Fotoalbum vom letzten Urlaub auf Facebook, mehr als die 140 Zeichen bei Twitter. Vor allem war es simpel, einfacher als Facebook mit verwirrenden Funktionen und versteckten Privatsphäre-Einstellungen: Ein schlichter 3-x-3-Foto-Raster im Feed, nur ein paar Klicks, um zu liken oder zu kommentieren, Leuten zu folgen, die man gar nicht kannte. Instagram brachte den Gedanken eines sozialen Netzwerks über den eigenen Freundeskreis hinaus.

Die ersten eineinhalb Jahre gab es die App nur für iPhones, heute ist es kaum vorstellbar, dass Android-Nutzer nicht an der Fotokommunikation über Instagram teilnahmen. Auch alle anderen inzwischen bekannten Funktionen waren zum Start der App sehr eingeschränkt: Man konnte weder die Stärke der Filter anpassen noch Direktnachrichten schreiben, ein Postfach gab es nicht. Im April 2012 gab Facebook bekannt, Instagram kaufen zu wollen, zum bis dato höchsten Preis, der je für die Übernahme eines Fotodienstes gezahlt wurde: eine Milliarde Dollar[22]. In dem Monat hatte Instagram zwölf Mitarbeiter und kein Modell, mit der App zukünftig Geld verdienen zu wollen. Auch waren Profile nicht über eine Web-URL und den Browser abrufbar, diese Funktion wurde erst im November 2012 eingeführt. Bis dahin hieß es: Alles, was in der App passiert, bleibt auch in der App.

Fünf Jahre später ist Instagram aktuell dabei, einen Offline-Modus für die App zu entwickeln, um das Wachstum vor allem in Schwellenländern ohne gute Internetverbindung zu erhöhen. Heute ist klar: Wäre Instagram mit Werbung und einer Strategie gestartet, für alle zugänglich und mit Webauftritt, wäre es nie so erfolgreich geworden, wie es ist. Es war die Einfachheit, die wenigen Funktionen, die Limitierung auf iPhones und eine App, die Instagram bei der Masse als schnellste und optisch schönste Social-Media-Plattform geprägt haben. Für Influencer ist es inzwischen eines der wichtigsten und nicht wegzudenkenden Tools. Das folgende Kapitel ist nicht als festes Regelwerk zu verstehen. Alle Instagrammer machen das, was sie da tun, intuitiv. Aber ich möchte dir eine umfassende Übersicht über alle Tipps und Tricks geben, bei denen du für dich entscheiden kannst, inwiefern sie für dich umzusetzen sind.

Loslegen mit Instagram

Falls du noch kein Profil hast, ist es jetzt Zeit, dir eins anzulegen. Fang an mit deinem Account, einer knackigen Profilbeschreibung und deinem Namen. Es macht Sinn, deinen Account nach dir oder deinem Blog zu benennen, bestenfalls nicht zu lang und ohne viele Sonderzeichen. Ich bevorzuge Namen, die nur aus Buchstaben bestehen, der Ästhetik und des Tippen und Merkens wegen: lieber @luiseliebt als @_lu1se_x. In die Profilbeschreibung gehört, falls vorhanden, der Link zu deinem Blog oder YouTube-Kanal bzw. zu deinem neusten Post, ein paar kurze Worte oder Emojis, vielleicht Name und Alter oder ein treffendes Zitat.

Wichtig bei deinem Profil: Ändere nicht ständig deinen Instagram-Namen! Mir fällt bei manchen Accounts auf, dass sie gefühlt monatlich ihren Namen ändern. Entscheide dich und bleib dabei.

Es hat sehr viele Nachteile, sich ständig umzubenennen: Nicht nur, dass kaum jemand dich wiederfindet und deine eigene Marke keine Chance hat, sich richtig auszuprägen, auch Verlinkungen stimmen nicht mehr. Tags im Bild ändern sich zwar mit, Erwähnungen in Bildunterschriften bleiben aber so, wie der User sie getippt hat, ehemalige Verlinkungen zu deinem Account führen dann ins Leere. Falls du dich entscheidest, von einem Namen zum anderen zu wechseln, empfiehlt es sich, das nur einmal zu tun, und vom alten zum neuen eine Weiterleitung einzurichten, quasi eine »tote« Seite, die dauerhaft auf die neue hinweist, so wie meine Freundin Diana das gemacht hat, als sie von @fithealthydi auf @doandlive umgezogen ist.

Neben einem dauerhaften Account-Namen ist es an zweiter Stelle die Strategie, die zum Start mit Instagram wichtig ist. Auch wenn ich nichts von komplett durchgeplanten Feeds und sekündlichen Posting-Plänen halte, finde ich es dennoch wichtig, sich vorher zu überlegen, was der rote Faden sein könnte. Ein langfristiger, sinnvoller Aufbau der eigenen Instagram-Marke ist besser als schnelle Likes ohne durchgehende Strategie. Dabei hilft es, wenn du dir vorab folgende Fragen stellst:

1. Was möchte ich von mir zeigen?
2. Wie privat möchte ich sein?
3. Welche Fotos gefallen mir bei anderen am besten?
4. Was sind meine Interessen und wie kann ich diese am besten auf meinem Account spiegeln?
5. Was ist mein Ziel? Inspirieren? Motivieren? Andere stark machen? Meine Kreativität ausleben? Meine eigene Bildsprache finden oder einfach meinen Alltag wie ein Tagebuch dokumentieren?

Täglich ein Bild

Viele Influencer fahren die Strategie »täglich ein Bild«. Das ist gut umzusetzen und kommt bei den Followern gut an. Dieser Rhythmus ist gerade richtig, nicht zu wenig, nicht zu viel. Ich poste allerdings nur dann jeden Tag, wenn ich ein gutes Bild habe. So kommt es auch mal vor, dass ich kein Bild poste. Lieber nichts als irgendwas, Qualität statt Quantität. Dafür gibt es an anderen Tagen vielleicht zwei Bilder. Manche posten auch jeden Tag drei Bilder – die Community und der Algorithmus gewöhnen sich an alles, Hauptsache, du machst das, was du machst, konstant.

Nimm dir Zeit!

Wenn ich zu sehr im Stress bin, meinen Kopf nicht frei habe, poste ich nichts. Es ist sinnvoll, dann zu posten, wenn du Zeit hast zu reagieren, nicht, wenn du in Eile bist. Poste niemals ein Bild, bevor du dein Handy auf Flugmodus und dich für zehn Stunden in ein Flugzeug setzt oder Ähnliches – überlass keinen deiner Posts sich selbst. Das wäre wie einen Kuchen in den Ofen zu schieben und dann das Haus zu verlassen. Du musst dabeibleiben, um sicherzugehen, dass er nicht anbrennt und jedem schmeckt, oder im Zweifel kritischen Stimmen die Rezeptur erklären. Monitoren, direkt antworten, von Followern Bilder zurückliken ist immens wichtig für Sympathien und dein Ansehen sowie dein Standing = dein Algorithmus.

Ob du alle fünf oder zehn Minuten deine Instagram-Kommentare checkst und beantwortest oder ob du dir einmal abends am Tag Zeit nimmst, um auf alles einzugehen, ist dir überlassen und hängt natürlich auch mit deiner Organisation und deinem Tagespensum zusammen, ich schaue tagsüber stündlich rein.

Caro Daurs Instagram-Weisheiten auf einen Blick: Viel posten, mit den Fans interagieren und nicht zu profimäßig – ein Spiegelselfie tut's auch mal.[23]

Zehn Dinge, die ich durch das Bloggen und Instagram übers Fotografieren gelernt habe

Schöne Bilder machen kann jeder lernen. Das bedeutet nicht, dass jeder ein Fotograf ist, aber ich denke, dass auch jeder Laie ein Auge für schöne Motive entwickeln kann. Ich mache alle Fotos für Instagram mit meinem Smartphone oder einer Digitalkamera. Hier sind die zehn wichtigsten Vorgehensweisen, die ich mir dabei angewöhnt habe.

1. Das Trivialste vorneweg: Putz vor jedem Foto deine Linse! Eine Sache, an die man nicht automatisch denkt, die bei einem perfekten Foto aber sehr viel ausmacht. Saubere Linsen machen vor allem Handyfotos so viel klarer und schärfer!
2. Fotos bei Tageslicht, am besten bei Sonnenaufgang oder Sonnenuntergang oder im Halbschatten, sind immer am besten.
3. Achte auf Linien! Ich versuche, meine Fotos zu begradigen und an optischen Linien auszurichten. Wo führen die Achsen im Hintergrund hin, ist der Horizont gerade, bin ich schief?
4. Die Bildausschnitte sollten ähnlich sein. Wenn man die Bilder großer Instagrammer vergleicht, sind die Stellen, wo sie sich selbst in Halbtotalen abschneiden, oft ähnlich. Zum Beispiel: Das Bild endet am unteren Rand bei Outfit-Shots immer auf der Hälfte des Oberschenkels. Niemals durch das Knie oder mitten durch die Hüfte ein Bild abschneiden! Den Kopf anschneiden? Nur ein bisschen vom Deckhaar, nicht mitten durch die Stirn. Irgendwann entwickelst du ein Gefühl dafür.
5. Vor allem für den Blog versuche ich, bei Fotos auf den Goldenen Schnitt zu achten. Das bedeutet, dass, wenn man ein Bild imaginär dreiteilt, man sich immer auf einer der Achsen befinden sollte und nicht in der absoluten Mitte.
6. Es ist auch optisch schön, wenn Fotos immer ähnlich ausgefüllt sind. Das heißt, egal, ob ich Ganzkörper drauf bin oder ein Selfie mache, das Bild endet einige Millimeter über meinem Haaransatz, über meinem Kopf ist auf dem Foto nie zu viel Luft.

7. Hochkant! Ich poste den Großteil meiner Instagram-Fotos in hochkant, da ich es schöner finde, sie aber auch im Feed mehr Aufmerksamkeit erhalten – immerhin sind sie beim Scrollen länger »sichtbar«. Hochkant füllt den Bildschirm aus und steht deswegen mehr für sich, Fotos im Querformat sind dreimal so schnell wieder weg aus dem Auge des Betrachters, werden quasi übersehen. Von 20 geposteten Fotos sind bei mir 19 hochkant, eins ist quer, Quadrate poste ich keine mehr. Ich habe das Gefühl, dass sie zum Jahr 2018 einfach nicht mehr passen, weniger optischen Interessen entsprechen, meinen sowie denen aller anderen: Die quadratischen Zeiten sind vorbei.
8. Hochkant posten, aber im Quadrat denken. Die Fotos sind einzeln zwar hochkant, im Raster des Feeds wird aber dennoch eine quadratische Sicht angezeigt, das Foto wird dafür oben und unten ein bisschen abgeschnitten. Das beachte ich. Ich fotografiere hochkant, aber immer so, dass oben und unten genug Luft ist, damit es auch im Feed-Quadrat noch vollständig aussieht. Beide Versionen müssen optisch stimmen. Wenn man ein neues Bild auf Instagram öffnet, wird einem immer das Quadrat angezeigt, bevor man auf die kleinen Pfeile klickt und ein Hochkant-Posting »befiehlt«. Die Quadrat-Vorschau ist dabei mein Test, wie es später aussieht.
9. Serienaufnahmen. Ich mache eigentlich jedes Instagram-Foto als Serienaufnahme, das heißt: Ich bitte die mich fotografierende Person, den Aufnahmeknopf gedrückt zu halten, so entsteht eine Fotoserie, aus der ich die besten Fotos auswählen kann. Oft sind nämlich die Bilder, auf denen ich mich gerade anders hinsetze, etwas Neues probiere, mich kaputtlache oder eine Grimasse ziehe, die Fotos, die ich wirklich schön, authentisch und lebensfroh finde und die das zeigen, was ich ausdrücken will. Wenn man jemanden allerdings bittet, einfach nur schnell ein Foto zu machen, kommen solche Bilder nie dabei heraus. Deswegen sind Serienaufnahmen bei Handyfotos sehr ratsam.

10. Sei nicht zu kritisch! Oft sind es die Fotos, die man einfach so, ohne nachzudenken, schießt und postet, die am Ende am besten ankommen.

Flatlays

Heißt übersetzt so viel wie »etwas flach hinlegen«. Solche Fotos eignen sich, wenn du Produkte fotografieren willst wie Technik, Essen, Beauty oder Schreibwaren. Fotografiert wird aus der Vogelperspektive. Hier kann mit Hintergründen, Untergründen oder Musterfotos gespielt werden, hilfreich sind offene Zeitschriften, Holzbretter und das Spiel mit den Perspektiven. Such dir auch hier Inspiration. Wenn du nicht weißt, wie man so etwas aufbaut, hilft es, wenn du dich einfach stundenlang durch Bilder klickst, gute Accounts findest und deren Fotos auf Gemeinsamkeiten studierst. Instagram-Suchen, die ich dir da empfehlen kann: @nicestthingscom @flatlay_mood oder #flatlay sowie #foodporn.

Selfies

Wie macht man das perfekte Selfie? Wie soll man überhaupt posen? Selfies gelingen, wenn du sie in Momenten machst, in denen du zufrieden mit dir selbst bist, das Licht in dein Gesicht fällt, zum Beispiel am Fenster, du deine besten Posen kennst oder einfach weißt, wie du gucken musst, damit du dein Gesicht auf dem Foto magst. Ich finde lachende Gesichter am schönsten. Probiere, aus welcher Richtung das Licht ideal ist. Manchmal ist seitliches Licht schön, manchmal betont es aber auch nur die tiefen Augenringe. Ich bin gerne ungeschminkt, muss aber zugeben, dass Selfies oder allgemein Porträtfotos für den Blog am besten werden, wenn man geschminkt ist.

Posen

Mit Posen kannst du spielen. Sich gerade hinstellen und dann das Gewicht auf ein Bein verlagern, einen Fuß aufstellen oder die Beine überkreuzen, dich seitlich positionieren, an der Kamera vorbeigehen oder von der Kamera weggehen und über die Schulter gucken: Fürs Posing gibt es viele verschiedene Ansätze, die du ausprobieren kannst. Oft ist es für das »Posing-Selbstbewusstsein« einfacher, etwas in der Hand zu haben, wie eine Tasche, eine Zeitschrift oder einen Kaffeebecher – vor allem Letztere entdeckt man gefühlt auf jedem zweiten Instagram-Foto. Oder eine Sonnenbrille, ein Strauß Tulpen, ein kurz entführter Hund – Hauptsache, man ist nicht so allein auf dem Foto. Deutsche Blogger halten ihre Outfits und Posen unter dem Hashtag #fashionblogger_de fest, dort kannst du dir Inspiration holen.

Wohnen

Ich finde, es ist nicht nur privat schön, sondern auch beruflich definitiv praktisch, ein stilvolles, helles und in freundlichen Tönen eingerichtetes Zuhause zu haben. Es hilft mir persönlich immer, bei mir zu Hause Sachen für Instagram shooten zu können, das macht viele Kooperationen einfacher. Da Berufs- und Privatleben verschmelzen, ist so etwas auch Teil des Spiels. Ich habe mir dafür eine schöne Couchecke eingerichtet, die ihr unter #casaluiseliebt sehen könnt: heller Teppich, helle Couch. Darauf kann ich Buchposts gut shooten, Weihnachtspostings mit dicken Socken, die Couch ist im Hintergrund vieler Videos zu sehen. Auch Spiegelfotos machen mehr her, wenn der Hintergrund hell und minimalistisch statt zugemüllt ist, das gilt auch für Snapchat und Insta-Story. Von dunklen Wandfarben würde ich abraten, du brauchst wenigstens ein Zimmer, in dem die Wände nicht das Licht schlucken. Wichtig ist nicht die Größe, man kann aus jedem Zimmer etwas machen – wichtig ist letztendlich nur, dass du dich dort wohlfühlst. Denn das merkt man dir an.

Create moments!

Bestenfalls könntest du jeden Tag eine neue, spannende Geschichte zu erzählen haben, auch wenn es eigentlich keine gibt. Es ist kein Geheimnis, dass viele Influencer Flüge und Trips buchen, weil ihr Instagram-Feed in Hamburg zu trist wäre, weil das Leben alle zwölf Bilder mal ein bisschen Abwechslung und neue Inspiration braucht. So drastisch musst du nicht vorgehen und dein ganzes Geld für einen Flug nach Bali verpulvern, aber spannend bist du, wenn du etwas erlebst und das auch teilst. Das kann ein Herbstspaziergang durch die Lüneburger Heide sein, das Entdecken deiner eigenen Stadt, neue Lieblingsplätze oder ein Wochenende an der Ostsee.

Kurztrips

Such dir fotogene Straßen in deiner Stadt und hübsche Städte für deine Trips! Wer als Influencer arbeitet, fängt an, optisch zu denken: Wo gibt es schöne Fotohintergründe? Nichts Schlechtes, wie ich finde – man nimmt Orte und Trips auch für sich privat viel mehr wahr, wenn man vorher recherchiert, wo es schön ist, wo man gute Bilder machen kann, welche Jahreszeit sich eignet. Ich recherchiere zum Beispiel vor jedem Trip auch, wo man die Morgensonne oder wahlweise den Sonnenuntergang einfangen kann, welche Lokale man ausprobieren sollte, um vielleicht ein kurzes Travel Diary zu verfassen. Kopenhagen und Palma sind in Europa meine Favoriten.

Ich verstehe natürlich auch die Kritik an dieser Vorgehensweise. Riccardo Simonetti, Meister der Selbstinszenierung und Vorzeige-Influencer, schreibt auf seinem Blog: »Wir leben in einer Zeit, in der wir oft mehr Wert auf die Gestaltung unseres Online-Profils legen, als an unserer eigenen Persönlichkeit zu arbeiten. Follower sind vielen wichtiger als echte Freunde und bei allem, was man tut, wägt man vorher ab, ob es instagramtauglich ist oder nicht. Stellte man sich früher die Frage, was zuerst da war, das Huhn oder das Ei, so könnte man das heute zweifelsohne auf Instagram oder das Leben beziehen. Instagramt man für ein tolles Leben oder lebt man nur noch für den Feed?«[24] Aber genauso wie schon im Kapitel »Social Media« möchte ich einwerfen: Wir denken viel darüber nach, was schön aussehen könnte, wo wir hinwollen, um dort Content zu produzieren – aber bedeutet das nicht auch, dass wir uns viel mehr mit der Stadt beschäftigen, alles dort, durch unsere Recherchen, viel mehr wahrnehmen, uns mehr merken, mehr unternehmen, mehr reisen und Neues kennenlernen, weil wir im Hinterkopf haben, darüber noch schreiben zu wollen?

Bildbearbeitung

Als ich 2012 mit Instagram begann, nahm man einfach einen der Instagram-Filter wie Amaro, die sehr wenig mit echter Bildbearbeitung zu tun hatten, viel zu gelb, zu Vintage oder zu übertrieben, und postete das Bild mit einem schwarzen oder weißen Polaroid-Rahmen. Die guten alten Zeiten! Die meisten Influencer lassen ihre Fotos heute durch eine bis fünf Apps laufen, wie beispielsweise VSCO, Facetune, Enlight, Afterlight oder Picfx.

Der erste Schritt ist meistens ein aufgehellter Hintergrund. Falls du dich schon mal gefragt hast, warum Straßen und Häuserzüge bei Instagrammern so weiß sind, bei dir aber gelb bis bunt und deine Fotos superunruhig: Facetune! Die App hilft, einen zu dunklen Hintergrund oder Untergrund (den Boden bei #fromwhereistand-Fotos) aufzuhellen. Das Tool heißt »aufhellen«, einmal angewählt, muss man nur über die Stellen malen, die heller werden sollen. Anschließend kommt zumeist ein schön passender Filter drauf, hier lohnt es, in die käuflichen Vsco-Filter zu investieren, die mehr hermachen.

Die meisten Blogger verwenden nur zwei Apps: Facetune für hellere Hintergründe und VSCO für Helligkeit, Kontrast und Filteroptionen. Viele bearbeiten auch gar nicht mehr am Handy, sondern über Lightroom, ein Bearbeitungsprogramm aus der Adobe-Cloud, in dem man eigene Filter basteln oder laden kann. Ich habe jahrelang VSCO benutzt und bin jetzt auf Lightroom umgestiegen. Bei Bearbeitungen sollte man aber aufpassen, nah an der Wirklichkeit zu bleiben. Es ist allseits bekannt, dass man sich mit Facetune auch schlanker schummeln und Körperteile retuschieren kann, davon würde ich persönlich aber dringend abraten.

Bearbeite unterschiedliche Bilder nicht alle gleich. Es ist langweilig, wenn jedes Bild identisch aussieht. Zudem gibt es den Filter, der für alles funktioniert, nicht. Filter, die eine Stadt schön aussehen lassen, machen ein Selfie mit viel Hautanteil blass und fahl. Caro Daur hat mal monatelang mit P5 von VSCO bearbeitet, ihre Haut hatte einen kalten Rosablaustich, der sie kränklich aussehen ließ. Das ist natürlich Geschmackssache! Von zu blauen oder kalten Filtern würde ich aber die Finger lassen, da sie nicht zu meinem Thema (Lebensfreude) passen. Denk deshalb auch darüber nach, ob deine Bearbeitung deine Message richtig transportiert. Weiße Feeds sind schön clean, aber auch sehr unpersönlich.

Wie bearbeiten die Blogger?

Leonie von ohhcouture.com sagte mal in einem Interview: »Ich nutze am Handy die grundlegenden Bearbeitungsschritte wie Helligkeit erhöhen, Sättigung bearbeiten, auch bei VSCO habe ich mit Filtern experimentiert. Es gibt ein paar Filter, die ich gegenteste – aber es kommt wirklich auf den Ort an! Wir machen Bilder an so vielen verschiedenen Orten – auf Santorini war alles zu hell und zu blau, dann musste etwas Farbe raus, aber sobald du in Hamburg bist und dann die Farbe rausmachst, ist alles zu grau. Allein der Wechsel von Ibiza zu Italien – auf den Ibiza-Bildern sah ein Filter so cool aus, und dann waren wir in Italien, und da war er mir zu weiß und es fehlte das Dolce Vita. Es kommt wirklich immer auf das Bild an, wir haben keinen Einheitsfilter – außerdem mögen die Leute es nicht so, wenn man die Bilder zu stark bearbeitet.«[25]

Yasmin von www.weareinlovewith.com schreibt auf ihrem Blog über ihre Bearbeitung: »Ich benutze Enlight, das Mini-Photoshop-Programm. Ist zwar eine käuflich zu erwerbende App, aber ich hatte sie mal bei einer Freundin ausprobiert und dann für cool genug empfunden, um sie zu kaufen. Die zwei Euro haben sich auch gelohnt, da ich seit zwei Jahren damit arbeite. Meist verwende ich die vorgefertigte Crisp-Foto-Einstellung, die das Bild insgesamt heller, schärfer und neutraler macht. Dann gehe ich aber noch einmal selektiv über die Helligkeit und auch Sättigung, Weißabgleich oder Temperatur, um den gewünschten Effekt zu erzielen. Was auch schön ist: Man kann gezielt Änderungen vornehmen. Du willst zum Beispiel eine Blume auf dem Bild farbintensiver zeigen, ohne aber das ganze Bild zu übersättigen? Dann wählst du die selektive Sättigung und bepinselst nur deine ausgewählte Stelle. In der Regel benutze ich den voreingestellten Crisp-Filter, setze die Helligkeit etwa 30 bis 40 Prozent höher, schraube den Kontrast auf 10 bis 20 Prozent, senke die Temperatur auf etwa –5 Prozent, damit der Gelbstich verschwindet, und bei fröhlichen Fotos von Blumen oder Ähnlichem pushe ich die Sättigung auf etwa 10 Prozent. Alles eine Sache von höchstens einer Minute, und genau diese Änderungen sind es, die eurem Bild mehr Strahlkraft und Ausdrucksstärke verleihen.«[26]

Die Caption

Generell gilt: Das Bild muss gut sein, aber mit der Caption steht und fällt das Engagement. Manchmal sorgt eine längere, ehrliche oder ganz einfach ansprechende Beschreibung im Handumdrehen für noch mehr Interaktion. Manchmal kann ein schlechtes Foto mit einer lustigen Beschreibung die Likes in die Höhe schießen lassen. Manchmal weiß ich auch, dass keine »richtige« Caption, sondern nur zwei Wörter und ein Emoji viel besser sind, weil sie dem Rezipienten nicht abnehmen, wie er über das Bild denken soll, sondern ihm mehr Projektionsfläche lassen, eigene Gedanken auszuformulieren. Deswegen nutze ich immer öfter dieses Stilmittel und erzähle unter einem Foto nicht ausschweifend von meinem Tag, sondern lasse das Bild für sich stehen.

Viele Instagrammer benutzen auch kurze Zitate, wenn ihnen die private Story oder Kreativität fehlt oder es besser zum Bild passt. Zitate können unfassbar gut funktionieren, Aufmerksamkeit catchen und zum Nachdenken anregen. Unter einem meiner bestgelikten Bilder steht »Sometimes all we need is a hug that will make us feel home« – damit können sich viele meiner hauptsächlich weiblichen Follower identifizieren. Gut sind auch Zitate, die von dir stammen, oder Aussagen, die für dich typisch sind. Ich habe inzwischen schon Aussagen, die ich immer mal wieder einfließen lasse, Sätze, die ich oft benutze, bei denen die Leute an mich denken, wenn sie es bei jemand anderem lesen. »Konstant ist nur der Wandel« zum Beispiel.

To hashtag or not to hashtag?

Neue Accounts benutzen jede Menge Hashtags, frei nach dem Motto »Mehr ist mehr, Hauptsache, gesehen und entdeckt werden«. Was dabei vergessen wird? Jeder kann deine Hashtags sehen und sich seinen Teil dazu denken. Jeder kann sehen, dass du unter deine Bilder #prettygirl, #outfitgoals, #couplegoals und 500 weitere setzt. Dabei bewirken Hashtags längst nicht mehr so viel wie noch vor ein paar Jahren, weil die Usermenge so stark zugenommen hat. Bei Hashtags wie #love, #outfit oder #food kommen im Sekundentakt Tausende neue Bilder rein. Die Chance, dass dein Bild gesehen und wahrgenommen wird, ist verschwindend gering. Ein weiterer Grund, nicht zu sehr mit Hashtags auszurasten, ist die Spam-Gefahr: Wer zu viele Schlagwörter verwendet, wird von Instagram als Spam eingestuft und in der Sichtbarkeit herabgesetzt.

Warum also sein Bild mit unzähligen und unsympathisch wirkenden Hashtags verschandeln? Ich benutze höchstens drei Hashtags in der Caption und setze ein paar weitere Hashtags, wenn es sich anbietet, im ersten Kommentar. Die Hashtags im ersten Kommentar zu »verstecken«, würde ich dabei absolut jedem raten. Es sieht einfach schöner aus. Dabei versuche ich, so präzise wie möglich zu sein oder lustige Hashtags zu verwenden, wie #friesbeforeguys statt nur #fries.

Ich habe mir angewöhnt, mir für meine verschiedenen Bildkategorien eigene Hashtags anzulegen, unter denen man alle Bilder zum Thema findet. Ich war da nicht ganz konsequent, so gibt es viele mit der empfehlenswerten Variante Accountname + Kategorie, wie #luiseliebthh für meine Tipps zu meiner Heimatstadt Hamburg oder #luiseliebtfestivals. Ein paar weitere sind schlicht mit meinem Namen, #luisetravels, #luiseläuft oder #luisevideo für meinen Bewegtbild-Content. Und einen eigenen Tag für meine Wohnung gibt es auch: #casaluiseliebt. Egal, ob man die Hashtags einem klaren Prinzip folgend anlegt oder ein bisschen Abwechslung reinbringt, sie haben alle den gleichen Zweck: ein bisschen Struktur und Mehrwert für die Follower reinbringen. Zum Beispiel zu #luiseläuft habe ich schon viel positives Feedback bekommen, weil man dort mit einem Klick meinen dreijährigen Weg vom Laufanfänger zu meinem ersten Marathon verfolgen kann – und das, ohne sich durch 2.000 Bilder wühlen zu müssen. Ich finde es auch bei anderen sehr nutzerfreundlich, wenn sie eigene Hashtags haben – so muss ich nicht extra fragen, woher noch mal die Couch war, sondern kann mich im Interior-Hashtag durchklicken und in Sekundenschnelle die Antwort finden.

Der Feed

Der Feed ist die Übersicht auf deinem Profil, die Galerie, in der deine Fotos gemeinsam angezeigt werden. Auch den kannst du planen und optimieren beziehungsweise solltest du auf bestimmte Dinge achten. Meinen Feed mit einer App zu planen und Fotos hin- und herzuschieben, bis sie stimmig angeordnet sind, ist in den letzten Monaten zu einem meiner Lieblingshobbys mutiert. Ich nehme dafür die App My-

Pics. Dort kannst du dir alle Fotos reinladen und sie dann verschieben. Die Apps Unum oder Mosaik funktionieren aber genauso.

Entscheid dich für ein Feed-Konzept, das du verfolgen möchtest. @xeniaoverdose postet zum Beispiel zu 99 Prozent Fotos von sich und ihren Outfits, wobei auf ihren Fotos grundsätzlich »viel los« ist – in Cafés, am Flughafen, überall dort, wo Formen auf Farben treffen, vor einer weißen Wand steht sie nie. @glitter_everywhere ist das absolute Gegenteil – sie versucht, ihre Fotos und damit ihren Feed so minimalistisch und clean wie möglich zu halten. Ich mag beide Accounts sehr gerne, beide haben ihr Konzept für sich gefunden. Ich versuche mich an einer bunten Mischung aus Reisen, meinem Hund, meiner Wohnung und Fotos von mir. Auch versuche ich, meinen Content immer farblich grob abzustimmen. Es gibt meistens Leitfarben, die sich wiederholen und den Feed harmonisch aussehen lassen. Dafür nehme ich gerne grau und orange. Ich versuche Fotos, auf denen viel los ist, mit schlichten abzuwechseln und den Feed im Gesamtkonzept nie zu dunkel werden zu lassen. Das ist mein Konzept. Was ist deins?

Es gibt viele Accounts, die ständig ihre Strategie im Feed ändern. Erst Quadrate, dann abwechselnd hochkant und quer mit weißen Streifen, dann wieder nur Quadrate, eine Weile jedes dritte Bild ein weißes Quote, dann ganz bunt und lebendig. Auch wenn es vollkommen okay ist, sich auszuprobieren und sich zu finden: Man sollte beim Scrollen den Eindruck haben, dass du weißt, was du willst, nicht, dass du dich jeden Tag von einer neuen fixen Idee leiten lässt und jeden Tag jemand anderes bist – denn das macht es sehr anstrengend, dir zu folgen. Zitate als Bild funktionieren auch gut, weil sie den Feed aufbrechen, in der Übersicht immer wieder ein bisschen Weiß und Klarheit reinbringen, was viele Nutzer mögen, um einen minimalistischen und nicht zu überladenen Look zu bewahren.

Manche denken sich ganz besondere Dinge für den eigenen Feed aus, um sich abzuheben. Davon, ein Bild zum Beispiel in neun Einzelbilder zu zerlegen und ein großes Puzzle-Bild aus dem eigenen Feed zu machen, würde ich allerdings definitiv abraten. Sobald du ein einzelnes weiteres Foto postest, ist das Puzzle verschoben, dann müsstest du immer direkt drei auf einmal posten, und das macht deinen Feed, deine Spontanität und dein Engagement kaputt. Instagram lebt vom Moment, der schönen Seite der Realität, von künstlerischem Anspruch, aber auch von der Einzigartigkeit. Poste niemals drei Selfies hintereinander oder drei Bilder aus demselben Shooting. Sorge für Abwechslung auf deinem Account, bei jedem Foto!

Ich versuche, meinen Content immer farblich grob abzustimmen. Es gibt meistens Leitfarben, die sich wiederholen und den Feed harmonisch aussehen lassen. Dafür nehme ich gerne Grau oder Orange. Ich versuche, Fotos, auf denen viel los ist, mit schlichten abzuwechseln und den Feed im Gesamtkonzept nie zu dunkel werden zu lassen. Das ist mein Konzept. Auch wenn es ganz okay ist sich auszuprobieren und sich zu finden.

Es ist wie beim Domino: Die Bilder sind einzelne Steine, doch da, wo sie sich berühren, dürfen sie sich nicht ähnlich sein. An den Schnittstellen, wo Bilder aufeinandertreffen, achte ich darauf, dass hell auf dunkel, viel los auf wenig los oder clean auf bunt trifft. Ich persönlich mag es, wenn in einem Feed auf solche Details geachtet wird, aber dennoch jedes Bild für sich steht. Der Instagrammer @muenchmax ist darin mein absolutes Vorbild. Nicht nur, dass er unglaubliche Fotos postet, er achtet auch darauf, wie ein Bild mit dem nächsten verschmilzt. Du musst auf seinem Account mal die Linien der Berge oder den Spiegel des Meeres vor dem Horizont verfolgen – die Linien gehen von einem Foto zum nächsten immer ineinander über, was es für das Auge viel harmonischer macht, auf die Übersicht zu schauen. Auch wenn du nicht nur Naturfotos machst, kannst du darauf achten, dass die Übergänge von einem Foto zum nächsten elegant sind, wenn du zum Beispiel zwei Fotos mit einem Horizont oder anderen starken Linien nebeneinander setzt, sie sich nicht optisch »beißen«.

Instagram funktioniert nach dem MAIK-Prinzip. (MAIK: Messbar, Attraktiv, Inspirierend, Konsequent)

Engagement und Reichweite steigern: Wie man neue Follower anwirbt

Eine gute Engagement-Rate ist zu dem wichtigsten KPI im digitalen Marketing mutiert. Es zählt nicht mehr nur, wie viele Follower du hast, sondern vor allem, wie viele deine Posts prozentual liken. Auch wenn jeder versucht, damit zu pokern, bleibt trotzdem zu erwähnen, dass Engagement auch stark vom Alter und Thema abhängt.

> *»Wenn du eine Zielgruppe hast, die im Durchschnitt nicht 16, sondern 32 ist, ist das auf Instagram eine äußerst interessante Audience. Es ist allerdings damit zu rechnen, dass eine 32-Jährige deutlich seltener »Awww! Superhübsch!« oder »Woher hast du die Jacke?« kommentiert. Im Zweifel kommentiert sie gar nicht, sondern sie konsumiert nur.«*
>
> *Marie von den Benken*[27]

Und doch kann es vor allem auch Spaß machen, Kommentare und Likes auf die eigenen Bilder zu bekommen. Es ist deswegen nicht verwerflich, zu hinterfragen, wie man das ganze System zum Positiven beeinflussen kann.

Bei jeder Frage hilft es, dein eigenes Verhalten zu analysieren: Was braucht es, damit du ein Bild likst? Zu welcher Uhrzeit und mit welcher Caption? Was braucht es, damit du jemanden abonnierst? Ich glaube, hier sind sich die meisten Menschen ähnlich: Man likt und abonniert, wenn man Sympathie spürt, wenn das Foto schön und qualitativ hochwertig und das Bild sowie der Feed stimmig sind. Den Feed musst du dir dabei als großes Ganzes vorstellen, als Lebenslauf, als Galerie, als Visitenkarte. Es ist der erste Eindruck, den Menschen von dir bekommen. Der kann durch Qualität, Filter, Farben und gute Motive viel harmonischer geprägt werden.

Was schon fast natürlich zu sein scheint, ist, dass Instagram jeden mit Reichweite belohnt, der Insta-Storys benutzt. Mit Insta-Storys versucht die App, noch mehr Aktionen innerhalb der App zu lassen und weniger an Snapchat zu übertragen. Außerdem verbringen User 70 Prozent ihrer Zeit in der App mit dem Schauen von Insta-Storys. Das zeigt, wie wichtig es ist, seinen Fokus auch auf gute Insta-Storys zu legen, sich eine Strategie zu überlegen und immer etwas online zu haben.

Um auf Instagram gesehen und geklickt zu werden, hilft es auch, konsequent für eine Weile eine bestimmte Strategie zu verfolgen und Konstanz zu zeigen. Du könntest jeden Morgen ein Foto von deinem Outfit des Tages hochladen und dabei zwischen Selfies, Ganzkörperbildern, Spiegelfotos und »From where I stand« (von oben nach unten auf die Schuhe fotografiert) wechseln. Oder deine Insta-Story zu einem täglichen Food Diary machen. Damit deine Fotos öfter angezeigt werden, ist es auch wichtig, deine Follower per Call-to-Action zu Interaktionen zu motivieren: Verlinkt doch in den Kommentaren einen Account, der euch inspiriert! Was habt ihr heute gemacht? Habt ihr Ideen für mich, was ihr diese Woche kocht? Wann habt ihr das letzte Mal etwas nur für euch getan? Alles, was Leute anregt, einen Kommentar und ein Like zu hinterlassen. Natürlich muss man sich auch wirklich für das, was man da fragt, interessieren.

Kommentiere und like viel – aber sinnvoll. Im Entdecken-Feed werden meist besonders aktive User angezeigt, also die, die eh schon viele Kommentare bekommen, die oft geklickt werden oder selbst sehr viel bei anderen liken und kommentieren.

●●●●○ Vodafone.de
20:38
23 %
Kommentare
stellaa__h 💪💪
1d Antworten
svenijaam Viel Glück/Erfolg in deinem neuen Lebensabschnitt 😊
1d Gefällt 3 Mal Antworten
luiseliebt 💪 Umzüge sind toll! Konstant ist nur der Wandel und so :) hatte diese Zweifel auch als ich hannover ohne zu denken kündigte - aber es hat sich alles gut entwickelt. Hab gelernt: die besten Dinge passieren immer dann, wenn man etwas verändert, sich etwas traut, einfach mal macht. Und zurück kommen kann man ja trotzdem immer. 🖤
1d Gefällt 55 Mal Antworten
luisemorgen @luiseliebt yes girl 🖤💪
23h Gefällt 1 Mal Antworten
christinadada Viel Glück in deinem neuen Lebenskapitel🍀👍
1d Antworten
leya_pe Viel Glück! Das ist ein mutiger Schritt ☺️
1d Gefällt 1 Mal Antworten
sugar_gers 😍😍😍😍😍😍
1d Gefällt 1 Mal Antworten
Als luiseliebt kommentieren ...
Posten

Ich habe mal gelesen, dass es die Reichweite enorm steigern soll, wenn man eine Stunde, bevor man ein Foto postet, sowie eine Stunde, nachdem man ein Foto gepostet hat, likt und kommentiert. Lass es nicht zu völliger Routinearbeit ausarten, denn es wirkt sehr komisch, wenn du unter ein Bild, wo jemand etwas Trauriges aus seinem Leben erzählt, einfach nur »Tolles Profil!« oder »Schöner Feed!« klatschst. Manchmal finde ich durch Kommentare tolle Profile, denen ich folge. Das sind aber nie die, die mir vorher geschrieben haben: »Follow me and I follow back!« Es gibt nichts Unsympathischeres als Betteln in Social Media. Sei nicht zu schnell, sondern lies die Captions und geh dann darauf ein. Längere Kommentare, alles, was Bezug zum Thema nimmt, bringt dir mehr Aufmerksamkeit. Leute finden deinen Kommentar, liken ihn oder sind neugierig, wer das geschrieben hat. Ich habe mal bei einer Bloggerin einen Kommentar zu ihrem Umzug geschrieben, ihr in netten Worten viel Erfolg gewünscht, was mir über 50 Likes auf den Kommentar und auch 30 neue Follower einbrachte. Zeig Empathie und sei aktiv!

Wenn du dich mit niemandem sonst auf Instagram verstehst, wirkt das schnell seltsam. Du brauchst deine Clique. Leute mit Freunden im gleichen Business sind normaler – kein postender Roboter, sondern Menschen wie du und ich, die Freundschaften pflegen, gegenseitig kommentieren und Menschen finden, denen sie vertrauen. Lass den Konkurrenzgedanken außen vor! Diana von @doandlive, eine gute Freundin, und ich, haben uns schon öfter gegenseitig die Aufträge weggenommen. Ja, das Business ist Konkurrenz, aber dennoch hat das keinen Einfluss darauf, dass wir uns verstehen, zusammenarbeiten und uns helfen.

Algorithmus

Im letzten Jahr hat Facebook angefangen, auf Facebook und Instagram die Inhalte nicht mehr chronologisch mit dem Neusten zuerst, sondern nach Interesse und Engagement zu sortieren. Der Hintergrund ist: Indem ihr mehr für euch interessante und somit relevante Inhalte angezeigt bekommt, kommentiert und likt ihr auch mehr – ein Umstand, der sowohl Follower als auch Instagrammer zufriedener machen soll, da Inhalte eher mit passenden Konsumenten zusammengebracht werden. Die Kehrseite: Alle Inhalte, die zwar konsumiert, aber nicht regelmäßig gelikt wurden, verschwinden seitdem, viele Accounts bekommt man gar nicht mehr angezeigt.

Was man machen kann, um den Algorithmus zu umgehen?

Ich persönlich habe nicht bemerkt, dass der Algorithmus sich auf meinen Account irgendwie ausgewirkt hätte, ich habe das Glück, dass durch meine persönliche Ausrichtung, meine eher kleinere Followerschaft, meine immer lebendigen und nahen Postings mein Engagement gleichbleibend gut ist. Unbewusst beachte ich aber auch den einen oder anderen »Trick«. Ich versuche, tatsächlich nur »gute« Fotos zu posten – ich nehme keine Flatlays aus Kerze und einer Zeitschrift mit rein, nur weil sich so was Helles mal wieder gut machen würde. Alle meine Fotos versuchen Lebensfreude auszudrücken, alles andere würde meine Follower auch nicht interessieren. Sobald man eine Weile lang, eine Woche oder zwei, keine schönen Fotos postet, gehen die Likes runter, sodass dann ihr auch den anderen weniger angezeigt werdet.

Was man tun kann, um sichtbar zu bleiben? Regelmäßig guter Content, authentische Bilder und Captions und Interaktion mit Followern (antworten, zurückliken, Follower-Profile in der Story vorstellen) sind ausschlaggebend. Ich war auch noch nie besonders inkonstant bei meinen Postings – ich poste in regelmäßigen Abständen alle zwölf oder 24 Stunden. Drei Fotos in weniger als drei Stunden hochzuladen, killt die Likes, da der Algorithmus sie splittet. Manchmal teile ich auch mein neustes Foto oder besser noch einen besonderen Kommentar in meiner Story, um neugierig auf das Bild, meine Bildauswahl und die Diskussion zu machen, wie hier von einem Couple-Bild: Follower werden aufgrund der Kommentare neugierig und klicken auf das Profil, um sich das Bild anzusehen.

●●●●● Vodafone.de
23:21
41 %
Kommentare
sophie.rgh wie süss ihr einfach seid endlich mal ein Paar bei dem man sich nicht so denkt "nicht schon wieder nen Pärchenbild..." sondern ein "ach wie schön die Liebe ist."
1w Gefällt 24 Mal Antworten
luiseliebt @sophie.rgh wie lieb von dir ich hab mich gerade einfach ganz rundum wohl und zufrieden gefühlt. Wegen der Omas die ihre Kekse im Zug mit mir teilen, wegen meiner schönen warmen wohnung, weil ich so stolz auf meine Freunde bin, weil ich heute Abend zu meiner lieblingsband gehe - also so richtig im Moment und angekommen. Und das wollte ich auf Instagram festhalten, und habe dafür ein Foto gesucht, was genau dieses Gefühl für mich ausdrückt. Und dann hab ich das hier gefunden. Es geht mir also immer viel mehr um den Moment, um Gesichtsausdrücke, um Stimmungen - als zu zeigen "hallo wir sind übrigens Ein paar". Ich mag es lieber, die liebe, die ich fühle, bildlich zu verewigen. Schön, dass das genauso ankommt
1w Gefällt 44 Mal Antworten
misspaperback Er sieht aus wie Jamie aus Outlander so ein süßes Bild von euch!
1w Gefällt 2 Mal Antworten
johannanaaaa Ein wirklich tolles Foto, was, wie ich finde, wirklich genau das widerspiegelt, was du gerade fühlst!
1w Antworten
Als luiseliebt kommentieren ...
Posten

Was ich auch bei vielen Accounts sehe, um den Algorithmus auszutricksen, sind Like-Gewinnspiele. Gewinnspiele, die in der Story promoted werden und als Bedingung enthalten, beispielsweise alle Fotos ab Sonntag für eine Woche zu liken, um teilzunehmen.

Spontan posten

Ich habe mit der Zeit ein Gefühl dafür entwickelt, wann welches Foto gut ankommt. Ich bin mir sicher, dass es keine festen Zeiten gibt, die immer funktionieren. Lange Zeit hieß es: 17 Uhr, und nur genau 17 Uhr, sei die perfekte Zeit für neue Instagram-Fotos, was bedeutete: Um 17 Uhr ging auf Instagram die Post ab. Was letztlich genau das Gegenteil bewirkte – wenn zu gleicher Zeit jeder postet, geht das eigene Bild völlig unter. Deswegen macht es Sinn, antizyklisch zu denken. Ich poste oft sogar nach 22 Uhr, denn dann hat mein Bild kaum Konkurrenz im Feed. Statt auf irgendwelche Uhrzeiten zu vertrauen, frage ich mich einfach: Wenn ich Follower wäre und das Bild im Feed sehen würde, würde das jetzt gerade zu meiner Stimmung passen? Kaffee- und Motivationsfotos poste ich meist zwischen 7 und 8 Uhr, während ich Pärchenfotos eigentlich immer erst ab 22 Uhr poste. Ein Foto, auf dem mein Freund mich in den Arm nimmt, also ein Foto, das viel Ruhe, Liebe und Geborgenheit ausstrahlt, wäre um 17 Uhr völlig deplatziert, wenn alle noch gestresst durch ihren Alltag hetzen. Das würde ich als Follower auch lieber sehen, kommentieren und liken, wenn ich es in meiner abendlichen Stimmung sehe, wenn ich mich mit einem Tee ins Bett kuschle und ruhige Musik höre. Ganz wichtig: ein Gefühl für Stimmungen, Uhrzeiten und Like-Verhalten entwickeln.

Vodafone.de
22:46
18 %
Foto
luiseliebt
Hamburg, Germany
Gepostet am Montag, 27. November 2017, um 17:55
5,404
Gefällt mir
112
Kommentare
106
Gespeichert
75,452
Impressionen
63,119
Reichweite
5,622
Interaktionen
Was bedeutet das?

Business-Account

Wenn du eine offizielle Facebook-Seite hast, kannst du dein Instagram mit dieser verknüpfen und dir einen Business-Account erstellen. Dort findest du alles, was wichtig ist, um dich selbst besser einzuschätzen: Woher kommen deine Follower, wie alt sind sie? Welche Bilder sind am besten gelaufen, welche am schlechtesten? Welche haben viele Impressionen (Klicks auf das Bild), aber wenig Likes, oder umgekehrt? Ich versuche immer, aus guten und schlechten Fotos für mich zu lernen, weiß aber auch: Ich kann nicht nur Fotos posten, die meine eigenen Rekorde knacken.

Bei mir funktionieren zum Beispiel keine Flatlays, weil es meine Follower einfach nicht interessiert, wie ich mein Zeug drapiere. Ich bin für solche Fotos nicht bekannt, weswegen sie auch automatisch weniger gelikt würden. Wenn ich ein Flatlay oder ein Produktfoto mache, dann meistens mit einer Hand im Bild, die das Buch geraderückt oder eine Kaffeetasse hält, so bringe ich Leben ins Foto.

Meine besten Fotos sind die, auf denen ich lache, tanze, so richtig viel Glück und Lebensfreude ausstrahle, oder die, auf denen ich mit meinem Partner zu sehen bin – besonders die, auf denen wir uns umarmen. Außerdem kommen Sneak Peeks in meiner Wohnung sehr gut an.

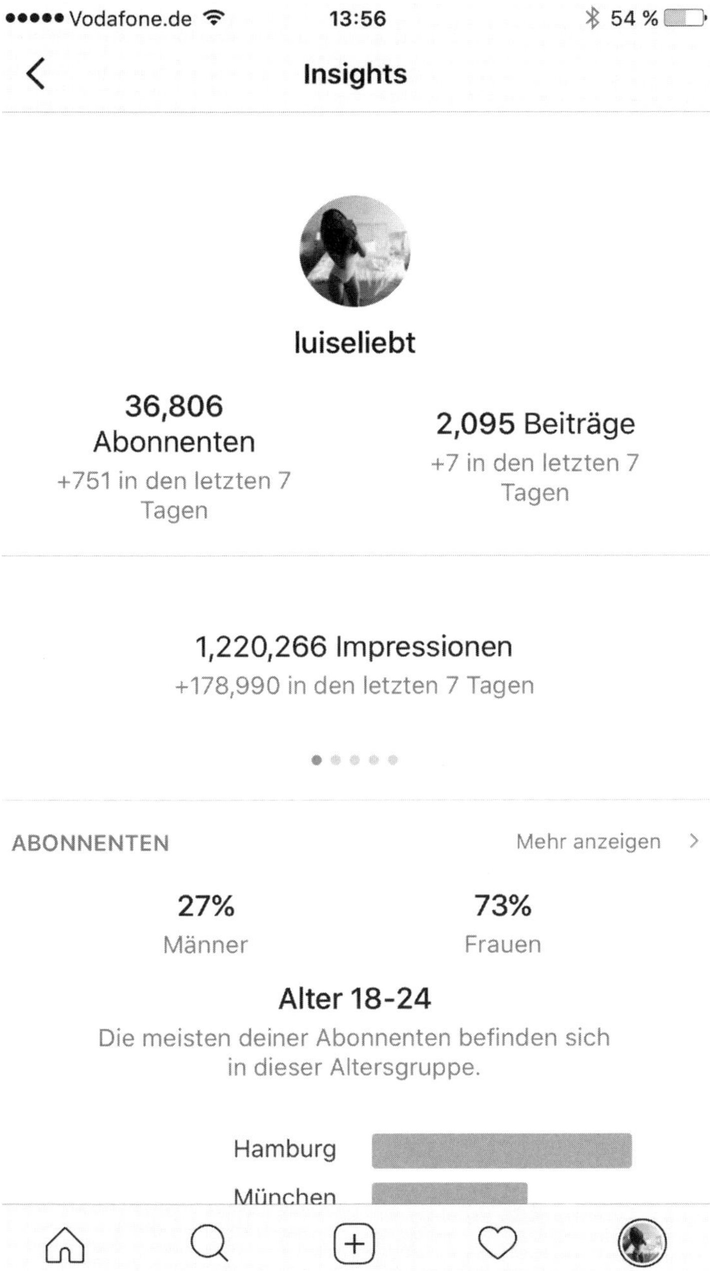
●●●●● Vodafone.de
13:56
54 %
Insights
luiseliebt
36,806
Abonnenten
+751 in den letzten 7 Tagen
2,095 Beiträge
+7 in den letzten 7 Tagen
1,220,266 Impressionen
+178,990 in den letzten 7 Tagen
ABONNENTEN
Mehr anzeigen
27%
Männer
73%
Frauen
Alter 18-24
Die meisten deiner Abonnenten befinden sich in dieser Altersgruppe.
Hamburg
München

Meine Posts mit dem schlechtesten Engagement sind alles Videos – tatsächlich ist mir bei allen Accounts aufgefallen, dass Videos sehr schlecht gelikt werden. Ich bringe es damit zusammen, dass ein Foto bei einem Follower eine automatische Aktion hervorruft – bei einem Foto ist es das Liken, bei einem Video ist es das Ansehen. Ein Liken zusätzlich zum Ansehen wäre eine weitere Aktion, zu der es meist nicht kommt, weil dann schon weitergescrollt wurde. Außerdem kommen die Fotos am schlechtesten an, die Produktplatzierungen sind, bei denen mir zu viel reingeredet wurde. Wenn jemand meine Bildunterschrift ändern will, mir nicht vertraut oder drei Fotos haben will, um zu entscheiden, und sich meiner Meinung nach für ein weniger Gutes entscheidet, sind das immer die Fotos, die mit wenigen Likes bestraft werden, als hätte die Community ein Gefühl für die Querelen hinter einem Foto.

Vor allem hilft ein Business-Account aber, endlich weitere wichtige Messgrößen für Engagement zu haben als bloß die reine Followerzahl. Die Impressionen (so oft wurde ein Beitrag gesehen), die Reichweite (so viele Einzelpersonen haben deinen Beitrag gesehen) und die Interaktionen (zusammengerechnete Likes, Kommentare und Gespeicherte). In Zeiten des Algorithmus spricht man von Brutto- und Nettoreichweiten – brutto die, die ein Influencer als Followerzahl aufweist, netto die, die er wirklich mit seinen Fotos erreicht.

- Interaktionen (1.705) Followerzahl (36.000) = 4,7 %
- Interaktionen (1.705) Impressionen (19.454) = 8,8 %
- Interaktionen (1.705) Reichweite (13.749) = 12,4 %

Mithilfe dieses Fotos kann man ganz neue Engagements berechnen. Interaktionen sollten daher immer in Relation zu Impressionen oder besser noch Reichweite gesetzt werden.

••••• Vodafone.de
22:49
17 %
Foto
luiseliebt
Gepostet am Mittwoch, 30. August 2017, um 19:52
1,669
Gefällt mir
13
Kommentare
23
Gespeichert
19,454
Impressionen
13,749
Reichweite
1,705
Interaktionen
Was bedeutet das?

Eigene Posts bewerben?

Wie auch auf Facebook, kann man auf Instagram seinen Beitrag bewerben, also Geld bezahlen, um die Sichtbarkeit zu erhöhen und neuen Leuten angezeigt zu werden. Ich habe das persönlich noch nie gemacht, weil ich es für einen privaten Account beziehungsweise Blog-Account unpassend finde. Wenn ich das von Kollegen in meinem Feed sehe, frage ich mich, was sie erreichen wollen. Oftmals sind Zielgruppen so schwammig definiert, dass auch Leute erreicht werden, die bereits folgen – und die das dann als äußerst unsympathisch oder followergeil wahrnehmen. Darauf möchte ich persönlich verzichten.

Sind Like-Gruppen verwerflich?

Ich muss sagen, dass ich vor einiger Zeit noch gar nicht wusste, dass so was existiert, bis ich von einer Kollegin auf einem Event mit der Nase drauf gestoßen wurde: Like-Gruppen. Verabredung zum gegenseitigen Pushen, meist ohne Interesse am Content des anderen zu haben. Um Engagement zu bekommen, neuen Leuten angezeigt zu werden, ist es natürlich hilfreich, selbst eine gute Like-Follower-Rate zu haben, aber dafür in Telegramm, einem Konkurrenten von WhatsApp, Gruppen beizutreten und Fotos zu kommentieren, die ich schlecht finde und die mich nicht die Bohne interessieren, finde ich etwas zu viel des Guten. Für Kooperationen gilt das eigentlich sogar als gefälschte Reichweite. Inzwischen geht Instagram sogar dagegen vor und bannt Profile, die zu sehr spammen.

Warum du dich nicht nur auf Instagram verlassen solltest

Es gibt viele Influencer, die sich nur auf Instagram spezialisieren – das funktioniert aber nur mit sehr hoher Followerzahl, sprich Verdienst pro Posting, da du sonst zu viele Postings im Monat machen müsstest, um davon leben zu können. Die meisten Influencer erkennen entweder das oder aber, dass sie im Gesamtpaket mehr verlangen können, wenn sie sich einen Blog anlegen. Trotzdem werden Blogs von Caro, Farina und Co. kaum mehr Klicks haben als die »Team-Seite« einer Agentur aus dem Speckgürtel Hamburgs, einfach weil man ihnen ansieht, wie stiefmütterlich sie behandelt werden, und nicht gern wiederkommt. Blogs müssen wie Instagram mit Leidenschaft geführt werden. Ich bevorzuge es, Kooperationen auf YouTube oder meinem Blog zu machen, die ich auf Instagram oder Facebook verlängere. Ich stelle ein Buch in einem Buch-Review-Video auf YouTube vor und poste ein Foto vom Buch, neben der Kaffeetasse auf meiner Couch auf Instagram, mit dem Verweis auf mein neues Video. So kann ich meine gesponserten Instagram-Postings gering halten und biete über das Foto hinaus noch Mehrwert auf einem anderen Kanal zum Thema.

Insta-Story

Der neue Bewegtbild-Dienst, den Instagram 2016 einführte, ist seither das große Ding. Alles ist schneller, weniger planbar, privater, unfassbarer und persönlicher. Tatsächlich passt die Storys-Funktion überaus gut zu Instagram, lebte das soziale Netzwerk doch bis dato von seiner Perfektion, Ästhetik und Bildsprache. Jetzt kann man endlich Hintergrundinformationen liefern, Screenshots hochladen, Fragen beantworten, seinen Alltag teilen, lustig sein, sich erklären, mehr zeigen, ohne den eigenen Feed zu ruinieren. Durch Stories und ihre schnellen Schnappschüsse wird ein Gegengewicht zur oft kritisierten heilen Welt geschaffen, die viele auf Instagram nur zu gern inszenieren. Aber was posten, teilen, hochladen? Theoretisch muss man sich einfach nur überlegen, was die Leser an den Inhalten am meisten schätzen, und dazu etwas Hintergrundinformationen liefern.

Mit der Zeit entwickelt man ein Gespür dafür, was man posten sollte, wie man Insta-Story nutzt, ob man seinen Tag teilt, ob Videos oder Fotos besser zu einem passen, ob man redet und kommentiert oder lieber nur die Umgebung filmt oder Musik laufen lässt.

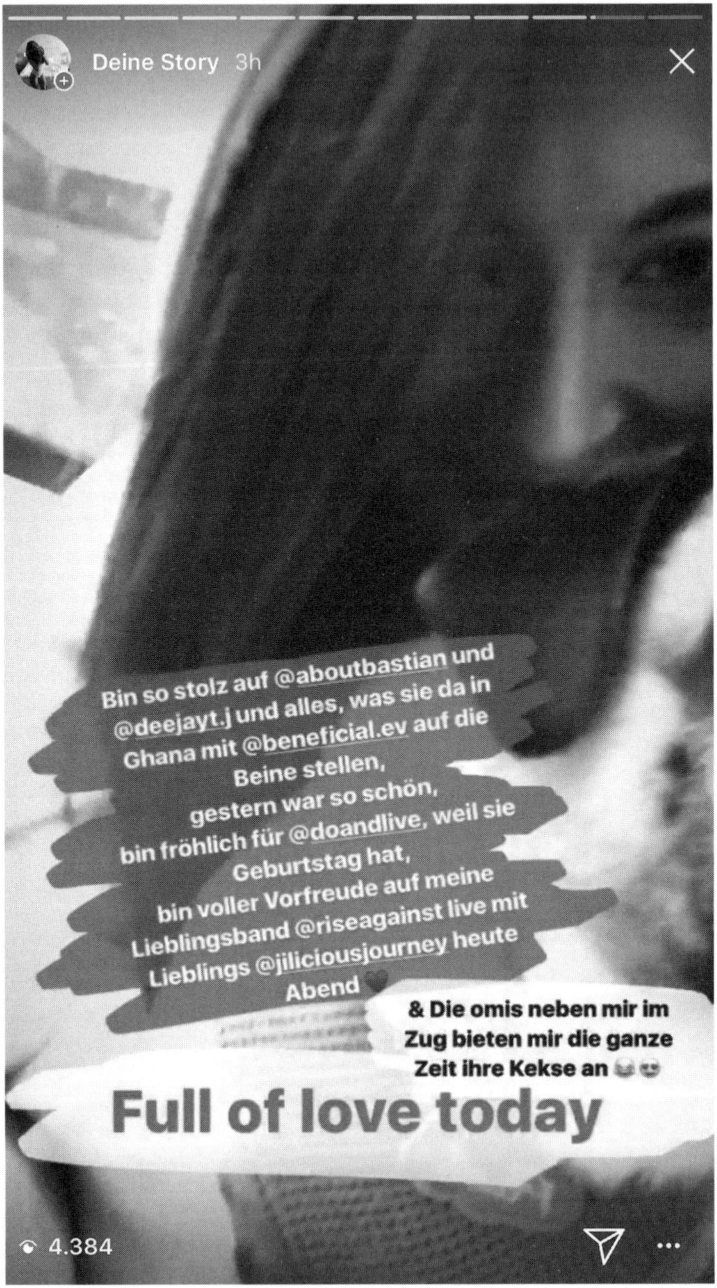
Deine Story 3h
Bin so stolz auf @aboutbastian und @deejayt.j und alles, was sie da in Ghana mit @beneficial.ev auf die Beine stellen,
gestern war so schön,
bin fröhlich für @doandlive, weil sie Geburtstag hat,
bin voller Vorfreude auf meine Lieblingsband @riseagainst live mit Lieblings @jiliciousjourney heute Abend
& Die omis neben mir im Zug bieten mir die ganze Zeit ihre Kekse an
Full of love today
4.384

Links setzen können nur diejenigen User ab einer Followeranzahl von 10.000. Dafür gibt es seit Kurzem für jeden die Möglichkeit, Hashtags zu nutzen und den Ort zu vertaggen. Das ist insofern sinnvoll, als dass nun auch Storys deines Aufenthaltsortes in der Suche vorgeschlagen werden und du auf diese Weise zu einer großen Anzahl an Views gelangen kannst. Klar, niemand hat jeden Tag einen spannenden Tag, man hat nicht immer etwas zu berichten. Auf Reisen hat man mit Sicherheit mehr zu zeigen, als wenn man von 8 bis 22 Uhr am Schreibtisch sitzt. Aber aus jedem Tag ist etwas rauszuholen. Entwickle deinen eigenen Stil, was Schriften, Schriftarten, Farben angeht. Ob du Screenshots oder Lustiges teilst, privat wirst oder seriös bleibst.

Da gibt es kein Richtig oder Falsch. Frag dich: Was möchte ich meine Follower als meinen roten Faden erkennen lassen? Bin ich der, der morgens schon ins Handy meckert? Bin ich der, der nur seine neusten Blogeinträge verknüpft und sonst gar nichts teilt? Lege ich mein Hauptaugenmerk auf Ästhetik und teile in den Stories jede Menge ästhetische Fotos oder Behind-the-Scenes zum heutigen Content? Erzähle ich Geschichten? Und wenn du Geschichten erzählst, die dir passiert sind, frag dich: Fände ich das interessant, wenn ich die Geschichte hören würde? Wenn du nichts zu erzählen hast oder ein Bild ausweiten willst, dann versuch, daraus eine dynamische Story zu kreieren: das Bild posten, dann noch mal mit einem kleinen Text, dann runterladen, neu hochladen und wiederum mit weiterem Text versehen und so weiter. So ist beim Durchklicken das gleiche Motiv zu sehen, aber es kommen immer neue Erklärungen dazu, was sehr dynamisch wirkt. Viele benutzen extra Apps wie Hype Type, um in ein Insta-Story Video-Schriften einfliegen zu lassen. Um einen farbigen Grund zu haben, weil du etwas schreiben willst, kannst du einfach irgendwas fotografieren, eine Farbe auswählen und dann länger auf den Bildschirm drücken, dann färbt sich das ganze Bild. Genauso kannst du die Farbwahl erweitern, wenn du eine Farbe länger anklickst, dann öffnet sich eine ganze Farbpalette.Während Snapchat eher einer Dokusoap ähnelte, lohnt es sich bei Insta-Story dank der vielen Optionen durchaus, sich ein bisschen mehr Mühe zu geben. Auch folgt man bei

Snapchat vielleicht 30 Leuten, bei Insta-Story sieht man die täglichen Liveergüsse von allen seinen 300+-Abos. Es lohnt sich also, die eigene Message in den Storys kurz und prägnant zu halten, um weiterhin geguckt zu werden. Wichtig ist, dass deine Zuschauer wissen, was sie mit dem Klick auf deine Story zu erwarten haben. Und dann weißt auch du, was du von dir zu erwarten hast. Ich achte auf Regelmäßigkeit, darauf, dass immer zumindest zwei bis drei Sachen online sind, teile Inspiration oder meinen Tagesplan und häufige Fragen als Screenshot, bei denen ich allerdings den Fragesteller der Anonymität wegen weiße, filme fast jeden Tag meinen ersten Kaffee, wünsche einen schönen Tag und nehme meine Follower auf Events mit.

Antworten von den Profis der Branche

Zehn Fragen an Luise von kleinstadtcarrie.net

@luisemorgen

1. *Magst du das Wort »Influencer« oder würdest du dir ein anderes wünschen?*
   Ich würde behaupten, dass die deutsche und auch englische Sprache schönere Wörter hat, aber ich habe nichts dagegen. Es ist doch wie mit dem Wort »Regen« oder Kritik – es ist die negative Konnotation, mehr nicht. Und ich zum Beispiel tanze liebend gern im Regen und weiß, dass es auch positive Kritik geben kann. Das ist alles eine Frage der Perspektive. So auch mit dem Wort »Influencer«.
2. *Wie würdest du deine Nische, deine Ausrichtung in einem Satz zusammenfassen?*
   Ich bediene mit meinem Blog keine Nische – ich schreibe über all das, was junge Frauen in der heutigen Zeit neben Beauty, NAKD-Hauls und Musically noch und vor allem bewegt. Es geht mir darum aufzuzeigen, dass wir in den 20ern gut aussehen, stylisch ge-

kleidet und trotzdem nachhaltig, vielseitig interessiert, weltoffen und bedacht leben können. Es geht also um Politik, Gesellschaft, Liebe, Freundschaft, Reisen, Nachhaltigkeit und vieles mehr.

3. *Was macht dir am meisten Spaß an deinem Job?*
   Eigentlich so gut wie alles tatsächlich! Ich liebe es natürlich am allermeisten zu schreiben. Das fühlte sich bisher auch noch nie wie Arbeit an, das Schreiben gehört einfach zu mir dazu. Die Worte fließen förmlich aus mir hinaus. Und dass ich damit anderen Menschen Inspiration, Freude und Denkanstöße liefern kann, ist das größte Geschenk. Aber auch das Konzipieren von Shootings, das Aussuchen von Shooting-Locations, die Shootings an sich, das Kommunizieren mit Firmen und Brands, Events, Kongresse und selber Vorträge halten, die Social-Media-Beratung in großen, aber auch kleinen Unternehmen, das Beantworten von Lesernachrichten und Kommentaren, das Erzählen auf Insta-Storys, die Skype-Sessions mit meiner Assistentin, das Brainstormen mit meiner Layouterin und das nächtliche Grübeln über neue Ideen und Wege. Also: Ich liebe meinen Job!
4. *Welches war die schönste Kooperation, die du je umsetzen durftest?*
   Ich durfte bisher in meiner Karriere so viele tolle Kooperationen umsetzen, dass ich an dieser Stelle nicht nur eine nennen kann. Was mir direkt in den Sinn kommt: meine Reise nach Télimélé, Guinea, im Februar 2017 gemeinsam mit Misside Guinea und dem Simmel Markt Dresden, welcher uns als großartiger Sponsor zur Seite stand. Das ehrenamtliche Projekt hat mich und mein Wirken auf Social Media grundsätzlich verändert. Außerdem meine Reise nach Mittelamerika im Rahmen der #visitcentroamerica-Kampagne von CATA, alle möglichen Kooperationen mit der norwegischen Lifestyle-Marke Onepiece, meine Freiheiten in der Zusammenarbeit mit Billy Boy. Aber es gibt noch so viele andere. Ich blogge seit über sieben Jahren – jeder Abschnitt hatte da seine Highlights.
5. *Was ist die kurioseste/seltsamste/schlimmste Kooperationsanfrage, die du je bekommen hast?*

Die vergesse ich in der Tat immer recht schnell, direkt nachdem ich eine knappe Absage mit Begründung geschrieben habe. Und das Repertoire an gelöschten Anfragen besteht dabei aus einer Reihe von merkwürdigen E-Mails. Von falscher Anrede über maßlos unterbezahlte Angebote, vorgeschriebene Texte und Vorgaben bis ins Unermessliche bis hin zur Aufforderung zur Schleichwerbung.

6. *Hast du mal Phasen, in denen du keine Lust mehr hast auf Instagram?*
   Ständig – mein Beruf ist das Bloggen. Instagram gehört irgendwie zwangsläufig dazu. Die Freude an der Plattform ist mir schon oft vergangen – natürlich gibt es Phasen, aber an und für sich ist das Schreiben meines Blogs meine Leidenschaft. Heutzutage wird man in der Branche aber oft auf seinen Instagram-Account und die Followerzahl reduziert – schrecklich, wie ich finde! Gezwungen habe ich mich aber bisher noch nie – wenn ich mal wieder richtig die Nase voll habe, dann poste ich eben drei Tage nichts.
7. *Wie sehr steht man unter Druck, dass man immer mehr Follower gewinnt als verliert?/Was ist wichtiger – Follower oder Likes?*
   Ich setze mich damit selbst schon lange nicht mehr unter Druck – sicherlich auch, weil ich die Sicherheit mit dem Blog habe. Und bezüglich des »Was ist wichtiger …«, es heißt ja: Content ist King. Und so ist es auch. Also weder noch.
8. *Welches Foto würdest du niemals posten?/Was, was andere Influencer machen, geht für dich gar nicht?*
   Bilder mit gewaltverherrlichenden oder rechtsradikalen Inhalten, die etwas zeigen, wofür ich nicht mit meinem Namen stehen möchte, natürlich. Pelz und andere tierische Produkte gehören auch nicht mehr auf meine Fotos. Außerdem würde ich, sage ich jetzt, meine Beziehung nicht mehr so öffentlich auf Social Media teilen.
9. *Was ist der stolzeste Moment in deiner Laufbahn?*
   Jeder Tag – wenn ich abends die Kommentare meiner Leser auf dem Blog lese und wenn mir Freunde oder Familie Feedback zu meinen Texten geben.
10. *Was machst du in fünf Jahren?*
    Glücklich sein.

5. Kooperationen

Wenn du deinen Instagram-Account, Blog oder YouTube-Kanal oder alle drei eine Weile regelmäßig bespielst, wird es passieren, dass du dir eine Base an Followern aufbaust und die ersten Unternehmen oder Agenturen an dir interessiert sind. Es ist, finde ich, eine schöne Sache und ein absoluter Luxus, wenn aus einem Hobby, in das man so viel Zeit und Leidenschaft steckt, ein kleiner, netter Nebenjob wird. Kooperationen oder Geschenke zu bekommen, sollte aber niemals der Antrieb sein, warum du mit Instagram anfängst. Meistens erhältst du Anfragen, kannst deine Preise mitteilen, kriegst Briefings oder Guidelines geschickt, eventuell noch einen Vertrag, du machst eine Deadline aus, postest die Beiträge und schreibst im Anschluss für die erbrachte Leistung eine Rechnung. Aber worauf genau solltest du dabei achten?

Geschickt werben

Markenfit

Das Wichtigste bei jeder Anfrage ist, wie gut ein Produkt zu dir, deinen Interessen und deinem Content passt, ob die Kampagne ein Storytelling vorsieht und ob die Geschichte zu deiner Zielgruppe passt. Manches ist leichter zu platzieren als anderes. Theoretisch kann man alles über Influencer vermarkten beziehungsweise vermarkten lassen – ob das dem Image, dem Umsatz und dem Standing einer Marke etwas bringt, ist eine andere Frage. Denn: Ist absolut jedes Produkt für Influencer-Marketing geeignet? Meine These: Nicht alle Marken funktionieren für eine Vermarktung über Instagram – tatsächlich tun das nur die, die einigermaßen sexy oder ansehnlich sind, und die tausend Optionen der Kreativität zulassen. Levi's ist ein gutes Beispiel – Levi's ist sexy. Festival, kurze Shorts, Musik, Jeansjacken, Roadtrips, Abenteuer. Billy Boy spielt da in die gleiche Kerbe – aber nur, wenn du auch sonst über Liebe, Sex und Abenteuer schreibst. Achte auf den Markenfit! Eine gute Frage ist immer: Vertrete ich das Produkt auch unbezahlt? Gehört es eh zu meinem Leben?

Kooperation mit dem Hamburger Abendblatt

Vertrete deinen Standpunkt

Ich bekomme öfter Anfragen für YouTube-Videos, in denen ich im Erzählstil von Erlebnissen berichte und etwas unterbringe. Videos, die typisch für meinen Kanal sind. Solche Anfragen bringen aber oft ganz klare Vorstellungen mit sich: Das Video darf nicht länger als acht Minuten sein! Weil die Marketingleute mal gehört haben, dass bis dahin zwei Drittel abgeschaltet haben. Unabhängig davon, dass meine Videos, in denen ich erzähle, oft sogar länger als 18 Minuten sind und mehr als zwei Drittel immer bis zum Ende dranbleiben, was ich aus meinen Statistiken weiß. Bei solchen Unstimmigkeiten ist es wichtig, den eigenen Standpunkt zu bewahren und darauf zu beharren. Niemand kennt deine Community und dein Engagement so gut wie du selbst.

Storytelling

Du musst etwas von dir preisgeben, um interessant zu bleiben, ja. Aber du kannst dir aussuchen, was. Erzähl Geschichten mit deinen Beiträgen, Geschichten, die im Gedächtnis bleiben und zum Nachdenken anregen. Das kann der persönliche Bezug zu einem Produkt sein oder wann du es das erste Mal entdeckt hast. Produktplatzierungen mit glaubwürdigem Storytelling sind eine schwierige, aber erlernbare Kunst. So schreibe ich nicht nur von neuen Kaugummis, sondern davon, wie viel selbstbewusster Menschen sind, die sich aufgrund ihrer gesunden Zähne trauen, zu lächeln, und was Lächeln für Auswirkungen auf Immunsystem, Einstellung oder Beziehungsleben hat. So schreibe ich nicht nur von Stiften, sondern von Konzerten, Festivals oder Urlauben, die ich dieses Jahr erlebt habe, und wie ich sie in einem riesigen Fotoalbum mit passenden Zeichnungen festhalte. Und so schreibe ich nicht nur von Kaffee oder Büchern, sondern verbinde das zu perfekten Momenten, erzähle Geschichten, wann ich diesen Kaffee getrunken oder dieses Buch gelesen habe, in welche Stimmung es mich versetzt hat, welche Notizen ich mir an den Rand gemacht habe.

Etabliere Routinen für dich, die eine Geschichte erzählen. Du könntest auch jeden Tag ein Foto machen, das deinen Tag am besten beschreibt, und jeden Sonntag einen »Meine Woche in sieben Bildern«-Post hochladen oder dir jeden Tag einen Gedanken notieren: was du gelernt hast, worüber du nachgedacht oder womit du dich beschäftigt hast.

Hohe Professionalität

Ich versuche immer mitzudenken, Hashtags zu hinterfragen oder Vorschläge zu machen, lasse mir nicht blind Posting-Daten aufdiktieren, sondern sage dem Kunden, welche Tage und Uhrzeiten bei mir am besten funktionieren, und bringe mich ein. Ich will immer und in jedem Fall das beste authentisch werbende Ergebnis für den Kunden rausholen, nicht bloß oder ausschließlich das umsetzen, was von mir verlangt wird. Denk immer daran, dass aus einem Auftrag auch Folgeaufträge entstehen können. Das passiert aber nur, wenn du dich von deiner besten Seite gezeigt und überzeugt hast. Diese Woche habe ich einer PR-Beraterin geantwortet:

> *»Noch eins: Wäre es für euch in Ordnung, den Rabattcode in der Kommunikation wegzulassen? Aus Social Media Beratungsperspektive kann ich das nicht empfehlen, da ein Rabattcode oft zwiespältige Gefühle auslöst. Ich würde das weglassen und denke, dass durch die rein emotionale Ausrichtung, ohne Hinweis auf Sparmöglichkeiten, die Leistung noch mehr geklickt und gebucht wird, da sie nicht als "verbilligbar" und als hochwertiger wahrgenommen wird. Ein Rabattcode ist nicht immer eine Aufwertung.«*

Mitdenken, Aufwerten, Vorschläge und Gedanken einbringen.

Auch professionell: Leg dir eine Excel-Tabelle mit allen ausgemachten Kooperationen und Deadlines an, um zu schauen, ob du noch Kapazitäten hast, wenn weitere Anfragen eintrudeln. Es gibt nichts Schlimmeres, als zu viele Aufträge angenommen zu haben und dann in einer Woche fünf oder mehr Werbeposts raushauen zu müssen, die deine Authentizität und deinen Feed kaputt machen.

Und hab immer ein Feingefühl für Konkurrenz. Dazu gehört auch, nicht am Wrangler-Stand schon einmal die Levi's-Hose anzuziehen, weil du zum nächsten Job musst. Das Leben ist nicht nur Spaß und große Rechnungen, sondern auch Benehmen und die Realität, dass das hier ein echtes Business ist.

Sei zuvorkommend, höflich und zuverlässig

Falls dir etwas an einer »Wir schicken dir ein Produkt und erwarten dafür sieben Postings umsonst«-Anfrage nicht passt, formuliere das höflich und bestimmt. PR-Berater sind meist einfach nur die ausführenden Kräfte und nicht unbedingt in der Budgetierung des Kunden beteiligt, ärgern sich vielleicht selbst, dass sie solche Anfragen raussenden müssen. Überleg dir, wie du am liebsten mit Menschen arbeitest, und handle danach. Sicher kann man seine Meinung äußern, doch der Ton macht die Musik. Denk an dein Image, fahr nicht aus der Haut. Ich möchte bei Agenturen nicht als die Streitlustige, die immer als besser weiß, bekannt sein. Das Label »Drama-Queen« ist für neue Buchungen eher hinderlich. Versuch immer, Kritik anzunehmen und deine Kooperationen und Umsetzungen stets zu verbessern. Niemand arbeitet gern mit jemandem, der kompliziert und unzuverlässig ist. Um erfolgreich zu sein und vor allem auch ernst genommen zu werden, musst du eine gewisse Professionalität an den Tag legen. Für mich bedeutet das unter anderem, zeitnah auf E-Mails zu antworten, sich an Timings zu halten, Ideen einzubringen und Interesse zu zeigen, ehrlich zu sein und einen Standpunkt zu haben, ohne unverschämt zu wirken.

Mache mehr, als von dir verlangt wird: Go the extra mile

Frag, wenn du ein paar Tage lang nichts mehr gehört hast, auch von dir aus nach, ob noch Interesse an der angefragten Kooperation besteht. Das zeigt Interesse und bringt dich wieder ins Gespräch und ist besser, als einfach passiv abzuwarten, ob was draus wird. Oft weise ich in meinem Freitags-Weekly noch einmal auf alle Postings der Woche hin und verschaffe so auch gesponserten Beiträgen erneut Aufmerksamkeit. Wenn ich eine gesponserte Jacke aus einer Kooperation auf weiteren Postings zeige, dann verlinke ich sie auch weiterhin oder schicke dem Kunden weitere Fotos. Falls ich Kommentare bekomme oder Feedbacks von Lesern nach mehrmonatigem Testen, mache ich sie dem Kunden als kleine PDFs fertig, auch wenn die Kooperation schon vorbei und die Rechnung längst beglichen ist. Agenturen vertreten meist viele Firmen und schlagen natürlich die, die den besten Job gemacht haben oder mit denen es leicht war, zu kommunizieren, für die nächste Kampagne vor. Arbeite nicht nur von jetzt bis zur nächsten Rechnung, sondern denk vorausschauend an das, was aus dieser Zusammenarbeit noch entstehen könnte. Überzeuge auch nach der Kooperation von dir und deinem Content!

Man muss dich mit gutem Gewissen weiterempfehlen können. Ich bin sicher, dass jeder PR-Berater seine »Lieblingsinfluencer« hat. Und da den Influencer oft die Agentur auswählt, macht es total Sinn, eine gute Beziehung zu deinem Ansprechpartner aufzubauen. Versteht ihr euch gut, wird der Berater dich wieder kontaktieren. PR-Berater brauchen Sicherheit und eine vertrauensvolle Beziehung zu Influencern.

DU musst dich damit wohlfühlen

Eine Kooperation einzugehen bedeutet nie, seine Grundsätze über Bord zu werfen, sich zu verändern oder einem Auftraggeber hörig zu sein. Ich hab auch schon einmal bereits ausgehandelte und fotografierte Kooperationen wieder abgesagt, weil wir uns nicht auf eine Umsetzung einigen konnten, der Kunde zu viel verändert haben wollte – Dinge, die für mich nicht in Ordnung waren. Statt dann etwas hochzuladen, das nicht meinem Konzept entspricht und hinter dem ich nicht stehe, sage ich lieber ab. Eine abgesagte, weil nicht passende, Kooperation kann viel mehr wert sein als eine, mit der man gut verdient, die aber nicht zu einem passt. Denn sie könnte die letzte gewesen sein, wenn einem dadurch die Follower abhauen.

Manchmal fühlt sich eine Kooperation nicht richtig an. Das kann man nicht rational erklären, aber ab und an verhandelt man über Tage oder Wochen mit einer Firma, wird im Preis heftig runtergehandelt oder vielleicht rüpelhaft angeschrieben, es werden Dinge verlangt, die nicht der Norm entsprechen. Agenturen werden mir da nicht zustimmen, aber ich finde: Es ist in Ordnung, zu jeder Zeit, wenn etwas nicht passt, einen Rücktritt zu machen – bevor man einen Vertrag unterschrieben hat, versteht sich. Auch wenn die Agentur Neuarbeit hat und sich einen anderen Influencer suchen muss. Aber was bringt es, wenn ich mich beim Posten einer Kooperation unwohl fühle? Man merkt meinen Postings an, wann ich für etwas brenne und wann weniger. Wenn ich mich unwohl fühle, überträgt sich das. Absagen ist also sinnvoller, als am Ende keinen Return of Investment generieren zu können.

Letztens war es der Fall, dass mir eine Kooperation mit einer durchschnittlichen Klamottenmarke, superschlecht bezahlt, wie ein Hauptgewinn verkauft wurde. Nichts Neues. Man musste sich darauf bewerben, seine Preisvorstellungen angeben, erklären, warum man mit seinem Kanal die Chance haben sollte, dabei sein zu dürfen. Ich habe nichts dagegen, jemandem den USP meines Kanals zu erklären, aber das fühlte sich stark nach Betteln an. Ich möchte kein Bittsteller sein, ich führe den Account, ich habe die Reichweite und die Plattform. Ich muss nicht darum betteln, eine Marke – völlig schlecht bezahlt – bitte auf meinem Account zeigen zu dürfen, um mir in meinem Content reinreden zu lassen und ewig lang zu diskutieren, dass ich diese Filter verwende.

Mein Credo ist: Sobald ich mich unwohl fühle, sage ich ab.

Und außerdem: Immer spontan posten! Ich habe wegen dieses »Gefühls« auch ein großes Problem mit vorbestimmten Bildunterschriften, Uhrzeiten und Tagen im Zuge einer Kooperation. Ich versuche immer, ein paar Tage Zeitspanne auszumachen, und lasse mir keine Uhrzeit vorgeben. Sonst würde es vorkommen, dass ich beim Posten eines Bildes kein gutes Gefühl hätte, dass es gerade gar nicht zur Stimmung oder Uhrzeit passt – das sind dann die, die kaum Likes bekommen. Ich nutze eine App, um meinen Feed vorzuplanen, um zu schauen, was wie passt, aber nutze nicht die Funktion, von dort aus zu festgelegten Zeiten etwas zu posten, das würde ich immer selbst machen. Spontan posten ist die Echtheit, die es braucht, damit ein Foto gut ankommt.

... und wie nicht

Ja, es gibt schwierige Produkte, für die man nicht auf Instagram werben sollte. Converse Chucks tragen wir alle, das ist einfach abzubilden. Klopapier dagegen? Soll ich ein Foto machen, wie ich auf dem Klo sitze? Nicht wirklich. Ist es in ein weißes Stillleben einbindbar, neben dem weißen Keramikkaktus und einer weißen Ikea-Kerze auf dem Sideboard? Hat man da normalerweise Klopapier? Soll ich lässig die Straße hochgehen, mit einer Klopapierrolle unterm Arm? Gibt es irgendeine Form, das Ganze darzustellen, ohne lächerlich auszusehen? Nein? Dann absagen und darauf verzichten. Denn bedenke: Pro Bild, auf dem du mit Waschmittelflasche vor einer Graffitiwand lehnst oder mit Klopapier die Straße runterläufst, inklusive der Bildunterschrift »Just went grocery shopping«, machst du dich ein bisschen lächerlich vor deinen Followern. Pro lächerlichem Foto verlierst du ein paar bis sehr viele Follower. Du beschädigst deinen Ruf und deine mühsam aufgebaute Marke. Das ist keine 500 Euro für eine Klopapier-Platzierung wert.

Und wenn man etwas umsetzt, gilt: Kill your darlings! Klar, du hast das Foto gemacht, du findest es toll, aber ist es auch objektiv gesehen gut? Wolltest du den künstlerischen Anspruch hervorheben und hast ein Wohnungsprodukt mal ganz crazy draußen inszeniert, fragt man sich schnell, was die Waschmittelflasche vor der Graffitiwand macht. Auch du könntest dich das fragen, wenn du bildlich einen Schritt von deinem Werk zurücktrittst und es objektiv beleuchtest. Ich habe schon ab und zu »Schwieriges« angenommen, aber nur, wenn ich es vertreten konnte und es leicht einbindbar war. Ich habe für feuchte Taschentücher geworben, aber die Story war, auf dem Festival zu sein und nichts dabeizuhaben, um sich nach der unerwarteten Bierdusche von der klebrigen Masse auf der Stirn zu befreien. Das war für mich eine sinnvolle Platzierung, weil ich so was eh immer dabeihabe, es für Festival-Neulinge als echten Tipp empfinde, ich viel zum Thema Festival poste und es in einen schönen, bunten »What's in my Summer and Festival bag«-Post einbauen konnte.

Wenn du Influencer bist, frag dich: Ist es authentisch? Ist es mir in zwei Jahren peinlich? Ist die Marke integriert, ohne das Bild zu überladen? Fällt es optisch aus dem Feed? Habe ich mich für die Kooperation verstellt? Leg Wertevorstellungen und Prinzipien fest, an die du dich hältst. Kooperiere ich mit Sexspielzeug? Zahnbürsten? Tierischen Produkten?

Gib acht bei den Produkten, die eigentliche eine Testphase benötigen. »Hallo, wir haben ein neues Shampoo auf dem Markt, hast du Lust, es zu bewerben?« kommt wöchentlich vor, finde ich aber ziemlich seltsam – wie kann ich etwas empfehlen, das ich nicht getestet habe? Abgesehen davon, dass man viel besser von etwas schwärmen kann, wenn man selbst überzeugt ist: Ich möchte nicht vorgelesen bekommen, was ich empfehle, und ich bin mir sicher, dir geht es da ähnlich. Jeder muss diese Regeln für sich selbst aufstellen. Für mich ist auch klar, dass unbezahlter Content bezahltem Content in der Anzahl immer überlegen sein muss, Faustregel: Auf einen Werbebeitrag kommen mindestens zwei Postings ohne Werbung. Kooperationen sind, so sehr man auch hinter dem Produkt steht, ein Spiel mit der eigenen Glaubwürdigkeit. Du kannst zum Beispiel nicht Werbung für einen Pizza-Lieferservice machen und eine Stunde später erzählen, wie schlecht dir fettiges Essen bekommt und dass du erst mal einen gesunden Tag jetzt brauchst. Geschickt werben ist das eher nicht. Bleib in deiner Rolle, verstell dich nicht und pass auf, was zu dir passt und was du annimmst.

Du kriegst keine Anfragen? Betreibe selbst Akquise!

Überleg dir, mit welchen fünf Firmen du gern zusammenarbeiten würdest, was du umsetzen möchtest und welchen Mehrwert das für deine Leser hätte. Bestenfalls ist es Content, den du eh umsetzt, zum Beispiel Rezepte und passende Dinner-Table-Stylingideen. Wenn du solch ein Posting planst, kannst du dir eine Liste machen, welche Kooperationspartner dazu passen würden, und sie anschreiben.

Mittlerweile gibt es Blogger wie Sand am Meer, da brauchen wir uns nichts vorzumachen. Eigene Kunden- und Auftragsakquise ist daher keine Seltenheit. Sobald du an einen Kunden von dir aus herantrittst, geht es darum, ihn schnell und nachhaltig von dir zu überzeugen. Hilfreich ist dabei immer eine konkrete Idee. Zeige, dass du dir Gedanken gemacht hast, informiere dich über die Marke und das Unternehmen. Was zeichnet es aus? Welche aktuelle Kampagne wird gespielt? Gibt es vielleicht besondere neue Produkte? Bei der Anfrage kann es hilfreich sein, Beispiele von bereits vorangegangenen Kooperationen und auf jeden Fall dein Mediakit mitzuschicken. So kann sich dein Gegenüber mehr vorstellen und sieht, wie du bereits mit anderen Marken gearbeitet hast.[28]

Arten von Kooperationen

Es gibt immer verschiedene Möglichkeiten, seine Kooperationen im Content unterzubringen. Diese Arten können auf einem oder mehrere Social-Media-Kanäle gestreckt werden. Hier eine kleine Übersicht:

- Kooperationen nur gegen Produkt: Hier solltest du für dich festlegen, bei welchen Kooperationen das für dich in Frage kommt, ob du dir Unmengen zuschicken lässt oder außerhalb von festen Kooperationen keine Produkte und Samples entgegennimmst. Vor allem als »neuer« Influencer ist es normal, nur gegen Produkt zu kooperieren. Bei steigender Followerzahl solltest du aber anfangen, zusätzlich zum Produkt ein Budget zu verlangen.
- Gesponserter Beitrag mit Storytelling: meine liebste Art, Kooperationen umzusetzen. Ein bezahlter Post, in dem eine Marke oder ein bestimmtes Produkt vorgestellt und trotzdem ein Mehrwert geschaffen wird.
- Unboxing: Pakete öffnen vor laufender Kamera und dabei seine ersten Eindrücke festhalten.
- Tutorial: Eine Anleitung zur Verwendung eines Produkts, üblich

zum Beispiel im Beautybereich.

- Produkttest/Rezension: das längere Prüfen eines bestimmten Produkts auf Herz und Nieren, um anschließend einen vollständigen Testbericht zu schreiben.
- Affiliate-Links: Möglichkeit, an Verkäufen via Provision mitzuverdienen. Rewardstyle, Tracdelight oder Zanox sind Beispiele für Mode-Affiliate-Programme, bei Amazon kann man bei Verkäufen mitverdienen, zum Beispiel bei Büchern oder Technik.
- Hybrid-Modell: Eine Mischung aus geringem Budget und Affiliate-Umsatz, vor allem von Start-ups genutzt, die keine großen Budgets haben und so auf die Möglichkeit zurückgreifen, nur Gewinn ausschütten zu müssen, wenn Umsätze generiert werden.
- Gewinnspiel: Verlosung eines Produkts unter den Followern, generiert auf Instagram oft mehr Reichweite für das Bild, da es durch die vielen Kommentare auch neuen Accounts im Entdecken-Feed angezeigt wird.
- Rabattcode/Aktionscode mit Affiliate-Beteiligung: Statt einem Link wird ein Code rausgegeben wie Luiseliebt15, über den Follower 15 Prozent Rabatt auf ihre Bestellung bekommen und der Influencer anhand der Verkäufe eine Provision erhält.
- Event: Einladung zu einem Event inklusive anschließender Berichterstattung in einem Posting oder in Insta-Storys sind eine weitere Art bezahlter Instagram-Kooperation.
- Pressereisen: Reisen, bei denen dich die Destination oder ein Sponsor einlädt, um dir Land, Leute und ein bestimmtes Produkt vorzustellen.
- Testimonial: Eine der dauerhaften und nachhaltigen Formen ist es, als Testimonial, quasi als Werbegesicht, für eine Brand verpflichtet zu werden. Meist wird eine vorgegebene Anzahl Posts im Monat auf mehrere Monate, inklusive Events, für ein festes Gehalt vereinbart. Testimonial-Jobs verlangen oft Exklusivität, zum Beispiel dass du währenddessen keine weitere Beauty Brand promotest, sind aber oft gut bezahlt und sehr authentisch, da als lange Postingstrecke statt Kooperations-Eintagsfliege ausgelegt.

Ein kurzer Mediakit-Guide

Ein Mediakit ist ein übersichtliches PDF, das die wichtigsten Punkte und Beispiele einer Kooperation mit dir enthält. Hier kommen die zehn wichtigsten Steps auf dem Weg zu einem perfekten Mediakit:

Die richtige Software: Bastle dein Mediakit mit einer Software, die einfach zu erlernen ist oder mit der du dich gut auskennst. Das kann PowerPoint oder Word beziehungsweise Pages sein oder sogar InDesign.

Leg so viele Folien an, wie du brauchst, um deinen USP, deine Vorzüge, deine Reichweite und deine Zahlen ausführlich darzustellen. Ich finde, ein Mediakit sollte mindestens drei und maximal zehn Seiten oder Folien haben.

Sieh es als eine Art Bewerbung mit Anschreiben, Lebenslauf und Referenzen – nur, dass du dich hier eben nicht um einen Job, sondern um eine Zusammenarbeit bewirbst. Fang gerne an mit dir, deiner Laufbahn, deiner Persönlichkeit oder deinem USP. Auch warum du mit dem Bloggen angefangen hast und was dein Ziel, deine Message ist, kann hervorgehoben werden.

Was läuft bei dir am besten? Stell in deinem Mediakit deine Vorzüge und deine besten Postings vor. Ich gehe immer auf meine persönliche Schiene, mein gutes Instagram-Engagement von immer über 6 Prozent und meine Food Diarys ein, meine meistgeklickten Videos auf YouTube.

Wie viele Follower folgen dir auf welcher Plattform? Eine Auflistung aller deiner Kanäle, inklusive deiner Followerzahl dahinter, gehört definitiv in eine kleine Box in die erste Hälfte des Mediakits. Denk dran, die Zahlen regelmäßig zu aktualisieren, um nicht mit falschen Zahlen für dich zu werben. Gerne kannst du hinter den Zahlen auch »Stand: 01.03.2018« anmerken, um zu zeigen, wann das Mediakit zuletzt aktualisiert wurde.

Kooperationsmöglichkeiten: Was setzt du um, was machst du am liebsten? Von Sponsored Posts, Testimonials, Produktplatzierungen, ausschließlichen Instagram-Bildern, Paketpreisen für Blogpost, Facebook und Instagram gibt es viele Möglichkeiten, deinen zukünftigen Kunden eine Zusammenarbeit mit dir anzubieten.

Zeig dich! Füg Bilder und Screenshots ein. Ein gutes Mediakit braucht ein Foto von dir, deine schönsten letzten Blog-Fotografien, die deine Arbeit zeigen, einen aktuellen Screenshot deiner Blog-Klicks im Statistik-Tool, inklusive Unique Visitors und Besuchern sowie Screenshots deiner letzten Kooperationen, wenn sie als gute Beispiele herhalten können. Auch einzelne Kommentare, die dich für die Umsetzung einer Kooperation oder deine Authentizität loben, können als User-Feedback auf eine Extraseite ans Ende des Mediakits. Versuch, deine Message und deine Arbeit so gut es geht abzubilden!

Verwende Überschriften und Zwischenüberschriften, halte alles minimalistisch und klar und am besten ähnlich wie dein Blogdesign. Deine Corporate Identity, deine persönliche Online-Handschrift, sollte auch in deinem Mediakit erkennbar sein.

Was neben Reichweite und Preisen in meinem Mediakit enthalten ist, ist ein Kooperationsleitfaden. Grundregeln, die ich verfolge, wie ich kennzeichne, wie ich mein Honorar in Rechnung stelle, dass meine Preise netto zuzüglich Mehrwertsteuer sind und wie viele Korrekturen für mich nach der Fertigstellung angemessen sind sowie welches Stundenhonorar ich im Anschluss berechne. Auch dass die Erstellung des Contents für mich 80 Prozent der Arbeitsleistung ausmacht, das Posten 20 Prozent und ich deswegen, sollte der Partner nach der Fertigstellung meiner Beiträge von der Kooperation zurücktreten, 80 Prozent des Honorars als Ausfall in Rechnung stelle. Am Ende meines Kooperationsleitfadens ist der Satz vermerkt, dass mit dem Eingehen der Kooperation meinen Bedingungen zugestimmt wird. Das wirkt nicht nur professionell, sondern sichert dich ab – falls ein Partner siebenmal euer Video neu gedreht oder geschnitten haben will, nach Veröffentlichung darum bittet, den Kennzeichnungshinweis zu entfernen oder bei der Rechnungsstellung meint, die ausgemachten 800 Euro wären brutto und nicht netto gewesen.

Gespeichert oder exportiert wird am Ende immer als PDF, bestenfalls kleiner als 5 Megabyte und dennoch in guter Auflösung.

Du hast dein Mediakit fertig? Die große Frage, die sich noch stellt: Verschickst du es inklusive Preisen für deine Kooperationsmöglichkeiten oder siehst du dein Mediakit eher als preislose, unabhängige Bewerbung, die du dann individuell nachverhandelst? Beides hat seine Vorteile – bei der einen Variante musst du nicht alles einzeln aushandeln, ergo weniger Mailverkehr und Aufwand, bei der anderen hast du mehr Freiheiten, deine Preise an die Kooperation anzupassen.

Ich habe ein Mediakit mit Preisen und eins ohne. Mit für alle Kooperationen, ohne für alle Start-ups oder schwierigen Themen, bei denen eine individuelle Aushandlung am meisten Sinn macht. Für Kooperationen, die auf mehreren Kanälen gestreut werden sollen und eine ganze Kampagne umfassen, schreibe ich individuelle Angebote mit Paketpreisen und gebe unter Umständen einen Mengenrabatt.

Wie viel Geld kann ich verlangen?

Geld – das gute, alte Thema, das jeder totschweigt. Die Influencer-Branche nimmt sich da nicht aus: Es ist schwierig, in Erfahrung zu bringen, wie viel Einzelne für ihren Content verlangen. Oder wusstest du vor diesem Buch, dass eine Pamela Reif für ein einfaches Proteindrink-Bild eine höhere vierstellige Summe bekommt? Es ist ein gut gehütetes Geheimnis, was ein Bild bei welcher Followerschaft wert ist, und überhaupt: Gibt es das, einen allgemeingültigen Wert? Vor allem bei den ersten Kooperationen ist man unsicher, wie viel man ansetzen sollte. 50 Euro? 180 Euro? Gar nichts?

> *Liebe Luise,*
>
> *Vielleicht kurz als Hintergrund, da wir immer mit Brand Lovern zusammenarbeiten, zahlen wir nicht gesondert für Instagram-Posts. Uns ist eine persönliche Beziehung mit unseren Key Contacts wichtig, weswegen wir keine Extrabudgets zahlen.*
>
> *Viele Grüße,*
> *Antonia*

Solche Argumentationen sieht man in der Branche zuhauf. Dabei bin ich der Meinung, dass sich die Liebe zu einer Marke nicht mit einer Bezahlung ausschließt – tatsächlich kooperierst du bestenfalls nur mit den Marken, bei denen du dich als Brand Lover siehst. Deswegen ist es trotzdem völlig in Ordnung, sich seinen Aufwand und die eingesetzte Reichweite angemessen bezahlen zu lassen. Bereits ein neuer und kleiner Blog kann zwischen ca. 100 und 200 Euro für einen Blogpost verlangen, einfach weil so viel schon ein einzelner gesetzter Link im Internet wert ist. Social Media Feature, Buy Outs, Videocontent und so weiter sind alles Extraleistungen, die man sich je nach Reichweite und Qualität extra vergüten lassen kann.

Tatsächlich kann man kurz zusammenfassen: Je mehr Vorgaben, desto mehr Arbeitszeit, desto mehr Geld stelle ich in Rechnung. Eine Firma, die mir ein Produkt schickt und es versieht mit dem Zusatz »Wir buchen einen Blogpost, mach, was du willst!« ist einfacher zu handhaben als ein »Wir möchten das Posting mindestens vier Werktage vorher zugesendet haben, wir möchten Mitsprache beim Ändern deiner vorgefertigten Insta Caption haben (was?), wir möchten zu deinem YouTube-Kanal Zugang über Adwords erhalten und auf deine Zielgruppe zugreifen.«

Ein »Wie viel kann man verlangen?« ist aber irgendwo auch ein – »Wie viel ist man selbst sich wert?«. Wenn du deine Zeit einberechnest, deine Leserzahl, deine Qualität und deine Relevanz, wirst du schnell eine Summe festlegen können, die du mindestens pro Posting haben möchtest, unter die du nicht gehen würdest, sowie eine etwas darüber liegende Zahl, die du sehr gut fändest. Am besten, du sagst etwas in der Mitte. Das klingt ein bisschen wie Preisverhandlung auf einem türkischen Basar, Motto: Immer mehr ansetzen, als man mindestens haben möchte, da man meist noch runtergehandelt wird. Wenn du eine Zahl sagst und die bedenkenlos angenommen wird, kannst du dir fürs nächste Mal merken, ruhig 50 oder 100 Euro mehr zu verlangen. Agenturen haben genauso Budgets vorgesehen und schauen dann nur, ob du mit ihrer Vorstellung matchst – wenn du darunter liegst, sind sie natürlich sehr froh – was aber nicht bedeutet, dass du dich dauerhaft über Wert verkaufen solltest.

Für YouTube oder Instagram macht es Sinn, mit einem TKP zu rechnen. TKP heißt Tausender-Kontaktpreis und ist der Preis, den du pro 1.000 Kontakte berechnen kannst. Bei YouTube wird dafür meist die Klickzahl genommen. Wenn du als TKP 80 Euro festlegst, also 80 Euro pro 1.000 Kontakte, und deine Videos durchschnittlich 10.000 Klicks haben, kannst du 800 Euro pro Video berechnen. Bei Instagram ist es meist die Followerzahl, die als TKP genommen wird. Je nach Marke ist bei Mikroinfluencern ein TKP zwischen 5 und 25 Euro normal. Bei 15.000 Followern sind das 75 bis 375 Euro pro Posting.

Eine andere, altbekannte Faustregel ist auf Instagram: 100 Euro pro 10.000 Follower, bei der Regel würde ich so absolut mitgehen. Ein Anhaltspunkt ist auch, den Mediavalue des eigenen Accounts auf influencerdb.net gegenzuchecken – einer Seite, die hilfreich ist, um Wachstum, Engagement und Reichweite von jedem Influencer ausspielen zu lassen, socialblade.com funktioniert ähnlich.

Was Firmen auch gerne machen: Einem eine Kooperation über mehrere Monate verkaufen und so den Preis kräftig drücken. 2.600 Euro klingen nach viel Geld, wenn ich dafür aber insgesamt acht Instagram Fotos und zwei Blogposts produzieren soll, über die nächsten Monate poste und frühestens im März etwas in Rechnung stellen kann, senkt sich der Wert drastisch.

Ich bin ein Fan davon, Kooperationen, auch wenn es um mehrmonatige Kampagnen geht, immer in ihre Einzelteile aufzusplittern. Rechnungen stelle ich einmal im Monat oder mindestens alle zwei Monate, und so schreibe ich auch meine Angebote. Wenn eine Firma über sechs Monate zusammenarbeiten will, schreibe ich drei Angebote. Alles in einem Angebot würde als Zahl zu riesig aussehen und stark gedrückt werden können. Einzelzahlen sind verständlicher, es ist ja auch einzeln viel Arbeit.

Tatsächlich kannst du es auch auf das Produkt ankommen lassen. »Schwierige Produkte«, also Sex- oder Alkoholbezug, haben meist höhere Budgets. Erfahrungsgemäß zahlen die aber auch mehr – Kondome, Verhütungsmittel, alles rund um Sex, Alkohol, alles, was nicht jugendfrei, eventuell ein Tabuthema oder zu intim ist, alle Produkte, bei denen man sich um eine wirklich authentische Integrierung ein bis zwei Gedanken mehr machen sollte.

Hierbei ist es wichtig, eine immer gleiche Preisschiene zu fahren, da sich Mitarbeiter von Unternehmen und Agenturen natürlich auch kennen, mal den Betrieb wechseln oder sich untereinander absprechen. Setze deine Preise nie willkürlich an, sondern überlege dir, was für dich persönlich ein Blogpost/Youtube-Video/Instagram-Bild dir wert ist, und bleib dann bei diesen Preisen, außer deine Follower wachsen rasant, dann kannst du natürlich anpassen.

Verhandlungen können am Anfang sehr schwerfallen. Viele treten nicht dafür ein, warum sie so viel wert sind, sagen kleinlaut einen viel niedrigeren Wert, weil es sehr viel fordert, jemandem ins Gesicht zu sagen, wie viel Geld man von ihm für eine Leistung gerne haben möchte. Das ist Übungssache und kommt mit der Erfahrung und dem Selbstbewusstsein. Sei bestimmt, aber nicht knallhart. Letztlich ist alles eine Sache des Gefühls – nur du kennst deinen Wert, deinen USP und deine Community.

Good to know: Das musst du rechtlich beachten

Buy Outs

Oft findet man in Verträgen in einem versteckten Paragraf Sätze wie »Der Influencer räumt uns sowie dem Advertiser das übertragbare Recht ein, den Beitrag ganz oder teilweise (das heißt Text, Bildmaterial, Video) für werbliche Zwecke auf digitalen Präsenzen (zum Beispiel

Websites, Präsenzen auf Drittplattformen) und nicht digitalen Präsenzen (Flyern, Werbematerial) zu nutzen.« Dabei ist es wie auch bei Fotografen: Das Überlassen von Rechten am Bildmaterial gehört vergütet. Buy Outs handele ich immer extra aus, nehme also eine rechtliche Lizenzgebühr, damit die Firma meine Bilder auch außerhalb der Kooperation offline auf Flyer drucken darf. So eine Summe ist immer abhängig von der Dauer und Vielfalt der überlassenen Rechte.

Verträge und Exklusivität

Mein Papa, ebenso selbstständig, bläute mir ein: »Du hast dich nicht selbstständig gemacht, um für jemanden einen Knebelvertrag zu unterschreiben.« Auch wenn das ein wenig übertrieben sein mag, bin ich doch sehr vorsichtig, was ich eingehe und unterschreibe. Am Anfang habe ich meinen Eltern die Kooperationsverträge geschickt und sie gefragt, worauf ich achten sollte. Ich bin lieber zu vorsichtig als nicht genug. Nicht weil ich vorhabe, heute für Filterkaffee und morgen für Kapselkaffee Werbung zu machen, sondern weil ich meine Freiheit und Selbstbestimmung nicht abgeben möchte. Eine Festivaleinladung lehnte ich einmal ab, weil ich für ein bisschen Taschengeld, Festivaltickets und Unterkunft ab Juni bis Ende des Jahres keine andere Kooperation im Segment Kaffee hätte machen dürfen, was zur erbrachten Leistung völlig unverhältnismäßig ist. Den entsprechenden Paragrafen fand ich allerdings erst im Vertrag, in der Vorab-Kommunikation wurde er nicht erwähnt. Bei Verträgen achte ich darauf, dass sie meine Sichtweise genauso repräsentieren wie die des verhandelnden Unternehmens. Ich habe nichts gegen strikte Vorgaben, wenn sie in beide Richtungen gehen, das heißt auch für das Unternehmen Vorgaben für Antwortschleifen oder maximale Änderungen festlegen, wie ich sie auch in meinem Kooperationsleitfaden für das Mediakit erwähne. Auch finde ich es wichtig, noch einmal das Nettohonorar schriftlich festzuhalten und zu klären, wie lange ein Bild auf dem Account des Influencers zu verbleiben hat, wie die Rechnungserstellung erfolgt, wie die Zahlungsmodalitäten sind.

Kennzeichnung

Ich war schon 2016 erstaunt, dass trotz Medienrummel sich manche Stars der Branche nicht dazu herabließen, ihre Postings mit »Werbung« oder »Anzeige« zu kennzeichnen. Weil es hässlich aussah? Schwebten sie über den Dingen? Verdienten sie genug, um sich aus möglichen Klagen rauszukaufen, und hatten schlicht Angst um ihre Glaubwürdigkeit? Während ich darüber nachdachte, veröffentlichte ich diesen Artikel auf meinem Blog:[29]

Die Sache mit der Kennzeichnungspflicht

16 OKT 2016

Vor ein paar Wochen auf einem Event: Ich snappe, male in die untere rechte Ecke mit Rot ein »Ad«, suche den Filter aus und poste es in meine Story. Als ich den zweiten Snap mit genau dieser Kennzeichnung verschönere, schaut mir jemand über die Schulter, fragt, was ich da mache. Für meine Erklärung, dass ich versuche, das hier als Werbung zu kennzeichnen, da am gleichen Tag ein gesponserter Blogpost online gegangen sei, und das Event genauso wie mein Snap in dem Moment irgendwie zur Kooperation gehören, ernte ich ein Lachen. »Na, da bist du ja die Einzige hier.«

Es folgt die übliche Diskussion, die mal mehr und mal weniger anregend abläuft, an diesem Tag aber ganz spannend ist, weil ich hier, auf einem Event zwischen vielen Bloggern, versuche, verschiedene Perspektiven in der lange währenden Kennzeichnungsdebatte zu verstehen. Debatte? Denn dass es verpflichtend ist, ist zwar keine Frage, steht aber doch der, meiner subjektiven Ansicht nach, mehrheitlichen Masse an Influencern gegenüber, die darauf gerne verzichten, und wiederum denen, die sich zu Recht über diesen Verzicht beschweren.

Stichwort: Grauzone

Ich verstehe durchaus, dass man schnell mal vergisst, was man da gerade macht. Dass man meistens nicht genau weiß, was man alles kennzeichnen muss – denn was ist mit Events, für die man kein Geld bekommt, die aber im Gegenzug zu Speis, Trank und Networking einen schicken Instagram-Post erwarten? Erwarten, aber unausgesprochen, ohne Vertrag? Was ist mit den Postings, die man aus Nettigkeit macht, weil man sich mit den Labels oder Agenturen gut versteht, die man von einer vorangegangenen Kooperation kennt? Was ist mit den Kooperationen, die nur auf dem Blog stattfinden und bei denen ein Blogpost bezahlt wird, die man aber (weil man das ebenso macht) auf Instagram und Facebook anteasert, um die Klicks zu steigern, und manchmal die Marke, um die es im Blogpost geht, direkt verlinkt? Und dann sind da ja noch die vielen zugesandten Klamotten und sonstigen Goodies …

Ich lasse mir wenig zuschicken, weil ich nicht weiß, wohin damit. Ich wähle lieber gezielt aus, gucke genau, was zu mir passt, als »mit allen mal zusammengearbeitet zu haben«. Und vor allem, neben den utopischen Bergen an Pappmüll: weil ich keine Lust habe, so viel zu versteuern – denn das kommt bei dem einen oder anderen Goodie noch dazu. Überhaupt die Buchhaltung, das Schätzen des Werts und das Einkleben von Quittungen wäre mir in größerer Masse zu viel bürokratischer Aufwand. Häufig stellt sich mir auch die Frage, ob Blogger, die täglich auf Snapchat Pakete auspacken, überhaupt wissen, dass sie für bestimmten Kram als sogenannten Sachbezug ebenso eine Mehrwertsteuer abführen müssen und manches damit gar nicht mehr kostenlos ist, sondern den Blogger tatsächlich etwas kostet?

In letzter Zeit ist auffällig, dass vor allem die »großen« Instagrammer, die von Event zu Event jetten und zwischendurch Pakete auspacken, einen Blog eher der Formalität halber und nicht als Mittelpunkt der Online-Präsenz, sondern wie ein ungeliebtes Haustier halten, die sind, die irgendwann aufhören, das kleine #ad zu benutzen.

Als würde man ab 500k auf Instagram durch ein Gold verziertes

Tor gehen, hinter dem schöne Frauen in weißen Hippie-Kleidern und mit Daniel-Wellington-Uhren, FitTea und Proteinshakes behängt nur darauf warten, einem den #Sponsored-Hashtag abzunehmen und mit heller Stimme zu rufen: »Den brauchst du jetzt nicht mehr! Jetzt passiert hier so viel – du hast jetzt Wichtigeres zu tun, als deine Werbung zu kennzeichnen!«

Schleichwerbung als Daily Business

Und wie manche Bloggerin schon vermeintlich richtig im Dialog mit sich selbst feststellte: Eigentlich ist es doch egal, ob ich das jetzt kennzeichne oder nicht – ich stehe trotzdem hinter allem, und das hier ist meine eigene Meinung. Ich stimme dir zu, das kann schon sein. Die Sache ist nur: Wenn du deinen Lesern von einer Creme vorschwärmst, die ja sooo tolle Haut macht, dafür 1.000 Euro einsteckst und das nicht kennzeichnest, ich am nächsten Tag, weil die Creme tatsächlich gut ist und ich sie weiterempfehlen möchte, dann einen unbezahlten Post mache, tatsächlich den Drang verspüre, schreiben zu müssen: #notsponsored #einfachso #weilichesmag. Denn wenn du dich nicht von mir abgrenzt, muss ich mich ja von dir abgrenzen. Und das ist so rum irgendwie der falsche Weg.

Und sehen wir den Tatsachen mal ins Auge: Du kennzeichnest nicht, weil dann streng genommen 98 von 100 Postings ein #werbung beinhalten müssten. Weil du die Trauben halt erntest, wie sie auf den Bäumen hängen – und sicher würde niemand Einladungen von Dior, Chanel oder Gucci an die schönsten Orte der Welt ausschlagen. Ich auch nicht. Aber ist Erfolg der Freifahrtschein auf der Autobahn namens Schleichwerbung?

Im Studium habe ich gelernt: »Nach dem Telemediengesetz (§ 6 Abs. 1 Nr. 1 TMG) ist Schleichwerbung verboten, denn die sogenannte kommerzielle Kommunikation muss deutlich als solche erkennbar sein. Auch nach dem Gesetz gegen den unlauteren Wettbewerb (§ 4 Nr. 3 UWG) sind verschleierte geschäftliche Handlungen mit Werbecharakter unzulässig.« Dabei ist nach Meinungen von

Juristen das kleine #ad, kurz für Advertisement, dass sich gerne mal zwischen einer Menge an Hashtags versteckt, auf Instagram nicht mehr ausreichend, da nicht deutlich als Werbung erkennbar. Ich habe davon gelesen und alle meine Instagram-Posts editiert: Statt #sponsored oder #ad steht da jetzt #werbung.

Während ich das hier so tippe, fühle ich mich müde belächelt von den Instagram-Größen à la »Welch sinnfreie Diskussion. Müsste ja eh jedem klar sein, was wir hier machen«. Nein, ich glaube: Das ist es nicht. Denn da gibt es noch einen wichtigen Faktor, den wir nicht vergessen dürfen, der mir vor allem klar wird, wenn ich mir bei YouTube das Alter meiner Zielgruppe ausspucken lasse:

Verantwortung und Vorbildfunktion

> *»Es geht nicht nur darum, was man in Deutschland zwischen Steuern zahlen, Werbung kennzeichnen und in die Rentenkasse einzahlen ›machen sollte‹, sondern auch darum, welche Vorbildfunktion und Verantwortung man gegenüber seiner Zielgruppe hat. Wenn man den Fernseher einschaltet, weiß man, dass GZSZ zwischen 20:08 und 20:14 Uhr von einem Werbeblock unterbrochen wird. Da muss nicht danebenstehen, dass diese Spots nicht zum Programm gehören. Durch das Aufwachsen mit dem Fernsehen sind wir es schon früh gewohnt gewesen, Werbung von redaktionellen Inhalten zu trennen. Bei Blogs war das allerdings nicht so – auf Blogs fand man Werbung meist unbezahlt als Produkte, die einfach weiterzuempfehlen waren.*
>
> *Früher bedeutete bloggen: Ich habe so viel Kreativität in mir, die rausmuss. Ich will Herzblut in etwas stecken, ich will online auf einer kleinen Seite ein Zuhause haben, das 100 Prozent ich ist. Ich will schreiben und meine Meinung sagen, ich will inspirieren und inspiriert werden.*
>
> *Inzwischen haben Firmen da Kooperationspotenzial erkannt, stellen immer größere Budgets bereit und ich freue mich über jede Anfrage, die ich bekomme, lache über absurde ›Blogpost*

gegen Gutschein‹-Deals, beobachte, wie meine Zahlen wachsen, und gehe gerne Kooperationen ein, die zu mir passen, hinter denen ich stehe – und die ich dann kennzeichne. Denn nur so kann ich mir meine Authentizität bewahren. Aber wenn ich kurz innehalte, stellt sich mir immer wieder die Frage: Könnte mein 14-jähriges Ich ungekennzeichnete Instagram-Werbung und -Reisen einordnen und klar von der Realität trennen, so wie den Werbeblock bei GZSZ?

Ich bin niemand, der ständig die ›früher war alles besser‹-Keule schwingt. Ich bin niemand, der sich umschaut oder vergleicht: Ich bin dankbar, aktuell hiervon leben und mir neue Standbeine und Perspektiven mit dem Blog im Rücken aufbauen zu können. Aber ich bin jemand, der es schade findet, mit Menschen, die sich nicht an Regeln halten, in einen Topf geworfen zu werden.

Also egal, ob du jetzt nicht kennzeichnest, weil es ohne schöner aussieht, weil die Marke es nicht will, weil du es nicht besser weißt oder weil du es schlichtweg vergisst und das Kennzeichnen nicht als sonderlich wichtig erachtest – es macht leider die Authentizität einer Branche kaputt, die für ehrliche Meinungen, nahbare Reviews und Bloggen aus Leidenschaft stand. Vielleicht versuchst du es also demnächst dann doch einmal. Das mit diesem Kennzeichnen. Oder liest dir das Telemediengesetz durch.«

Diesen Blogpost tippte und veröffentlichte ich im Oktober 2016. Es ist enorm wichtig, genau erkennen zu lassen, wann bezahlt, wann unbezahlt beworben wird, auch wenn man bei beidem gleich dahintersteht, einfach der Transparenz wegen. Dabei muss sich niemand verpflichtet fühlen, genau anzugeben, wie sein Einkommen sich aufschlüsselt oder was welches Posting wert war – die Linie muss nur klar erkennbar sein. Eine Kennzeichnung hilft, genau abzugrenzen, welche Motivation es neben einer intrinsischen für dieses Posting gibt. Es zeigt, dass du dir ein Produkt nicht selbst gekauft, sondern es kostenlos bekommen hast. Es hilft jungen Lesern einzuordnen, wie sich dein

Lifestyle im gezeigten Bild finanziert. Aktuell ist viel im Wandel, 2013 gab es noch keine Kennzeichnungsdebatten, 2015 wurde ein »ad« oder »sponsored« vermehrt gesehen, inzwischen wird abgemahnt, wenn ein deutsches »Werbung« oder »Anzeige« nicht in den ersten drei Zeilen des Beitrags vorkommt. Ganz viel Schleichwerbung passiert trotzdem noch: Dass das berühmte Oscar-Selfie geplant war, mit einem Samsung-Handy gemacht wurde und Samsung 18 Millionen Dollar gekostet hat, wer weiß das schon?

Wie du richtig kennzeichnest

YouTube: Am Anfang und am Ende des Beitrags gehört in die ersten fünf Sekunden ins Video ein »Unterstützt durch Produktplatzierung«, genauso in die Infobox. Das ist Pflicht. Um noch transparenter zu sein, setze ich außerdem ein #AD in den Titel.

Instagram: Die Kennzeichnung muss in den ersten drei Zeilen des Beitrags erfolgen, vor dem »Mehr anzeigen«-Umbruch. Bezahlte Kooperation mit Anzeige oder Werbung. Produkte, die kosten- und bedingungslos (!) zur Verfügung gestellt wurden, mit #prsample. Es hat für den Leser allerdings einen faden Beigeschmack, die Kennzeichnung zwischen diversen Hashtags zu verstecken. Lieber auf den ersten Blick und unmissverständlich.

Blog: Auf den ersten Blick und ohne extra Klick auf den Text muss schon auf der Startseite die Kooperation zu erkennen sein. Ich schreibe immer »Anzeige« rechts oben über den Beitrag, außerdem steht am Ende des Beitrags »In freundlicher Zusammenarbeit mit XY.«

Facebook: Facebook hat ein Tool, in dem man den Sponsor des Beitrags anklicken kann, dann steht neben meinem Namen »Luiseliebt mit Marke XY« und ein kleines »bezahlt« neben der Uhrzeit. Da noch nicht klar ist, ob das ausreicht, kennzeichne ich zusätzlich im Text mit »Werbung« oder »Anzeige«.

> *»Die Gesetzgebung hängt der Digitalbranche einfach hinterher und deswegen jetzt ganze Generationen engagierter*

Blogger, YouTuber und andere Social-Media-Persönlichkeiten als mindestens ungezogen, wenn nicht sogar latent kriminell hinzustellen, sieht mir nach keinem besonders vielversprechenden Lösungsansatz aus. Ich finde, es ist Aufgabe der gesamten Branche, klare Regeln aufzustellen und sich auf klare Best-Practice-Guides zu einigen.«[30]

Katja Bartholmess

6. Community-Management

Die Kooperationsanfragen sind abgearbeitet, die neuen Verträge geschlossen, die Organisation ist gemacht, die Events zugesagt, der Blogpost ist getippt und auf Social Media geteilt und ein Instagram-Foto geschossen, bearbeitet und hochgeladen – der Tag ist zu Ende. Oder war da nicht noch was? Einige neue Nachrichten im Posteingang? Ach, das hat Zeit bis morgen!

Wie es einem manchmal an Dankbarkeit für generelle Mobilität fehlt, wenn man mal wieder über die Verspätung der Deutschen Bahn meckert, so ist es auch mit dem Antworten auf Follower- Nachrichten, das am Ende eines langen Tages eventuell als am unnötigsten empfunden wird. »Was fragen die mich alle so viel, können doch auch googeln oder mal richtig zuhören«, hört man auf Events, wenn Blogger sich untereinander austauschen. »Sei doch froh, da interessiert sich jemand Wildfremdes für dich!«, möchte ich rufen, kann es aber auch verstehen, dass einem manchmal die Geduld fehlt. Dennoch: Die Follower sind es, die einem Account zu Reichweite verhelfen, ein Business nach vorn bringen oder eine private Seite plötzlich lukrativ machen. Also ist man es ihnen nicht nur schuldig, sich zurückzumelden, sondern es ist eine Selbstverständlichkeit, genau das zu tun. Ich liebe es, mit meiner Community in Kontakt zu sein, und finde es immer noch völlig verrückt, dass es Menschen gibt, die sich für mich und meinen Alltag ernsthaft interessieren. Auch wenn ich dann 200-mal am Tag die gleiche Frage beantworten muss. Auf Instagram hat man die Möglichkeit, täglich in direktem Kontakt mit seinen Fans zu sein – eine Möglichkeit, um die große Unternehmen jeden Influencer beneiden. Die investieren derweil teuer Geld in Marktforschung, um zu verstehen, warum welches Produkt wie ankommt.

»Hört jetzt auf, mich zu fragen, woher das Oberteil ist, das habe ich gestern schon verlinkt« wird da als genauso unsympathisch wahrgenommen wie »Ihr könnt ja kommentieren, aber Zeit zu antworten habe ich heute leider keine« in die Story zu brüllen – ja, alles schon gesehen. Besser: sich die Zeit nehmen, auf seine Community einzugehen und das als Teil des Jobs zu betrachten, oder einmal am Tag Fragen in einer weiteren Story zu beantworten und lustig-sympathisch von neusten Shopping Finds, entdeckten Songs oder erwähnten Podcasts zu erzählen. Ich erwähne in jeder Story, in der ein Song im Hintergrund läuft, kurz den Titel des Songs, da das bei mir einer der am meisten nachgefragten Punkte ist. Und ja, natürlich kann es mitunter anstrengend werden, auf 207 Nachrichten mit »Hey, der Song war ›Blame‹ von Bastille« zu antworten – I got you. Aber wenn 207 Leute mich das Gleiche fragen – bin dann nicht eher ich in der Bringpflicht, meine Social-Media-Aktivität zu bedenken und followerfreundlicher zu gestalten, da ja dort Interesse besteht? Seitdem verlinke ich Klamotten direkt in der Story, mache Snaps vom Sonnenuntergang nicht mehr nur mit irgendeiner Musik, sondern schreibe direkt ins Bild, was für ein Song das ist, und habe eine eigene Playlist namens »Sunsets« angelegt, oder teile Screenshots mit oft gestellten Fragen in der Story.

Glückliche Follower, eben die, die man gut behandelt und denen man nicht genervt entgegenblökt, sind die, die wiederkommen, kommentieren, sich weiter Zeit nehmen für das, was du machst. Müssten sie nämlich nicht. Und das sind die, die irgendwann die eigenen Produkte kaufen, sich von Usern zu Followern zu Fans entwickeln. Ich kenne es selbst sehr gut, dass man keine Lust mehr hat, bei jemandem liebe Worte oder gutes Feedback zu hinterlassen, wenn nie etwas zurückkommt. Sich für jede Nachricht die zwölf Sekunden Zeit zu nehmen, die es braucht, um sie zu beantworten, ist zumindest bei unter 100.000 Followern kein Ding. Meist macht man einer Person eine unfassbare Freude, wenn direkt am nächsten Tag eine liebe Antwort eintrudelt, und natürlich WILL man seinen Followern diese Zeit auch schenken.

Seit einer Weile ist es noch einfacher, Nachrichten zu hinterlassen: Insta-Storys haben jetzt die Möglichkeit, direkt auf jeden Snap mit einem Text zu antworten. Aber ist Nachrichtenfunktion ausstellen auf »Nur Freunde« eine Option? Ich hatte es für eine Weile ausgeschaltet und habe anhand des Feedbacks mitbekommen, dass es als sehr unhöflich wahrgenommen wurde, was ich sehr gut verstehen kann. Also lässt man die Funktion an. Und dreht seine Insta-Storys, die jeder an jeder Stelle kommentieren kann. Nachrichten, die dann in der Inbox landen, und die man ignorieren, ablehnen, nur lesen oder lesen und beantworten kann. Als guter Influencer, dem daran gelegen ist, seine Community bei der Stange zu halten, ist die Wahl einfach: Nachrichten beantworten als Teil der täglichen To-dos. Ganz nebenbei. Es gibt immer so verplemperte Zeit wie Busfahren, Wartezimmer oder beim Neben-der-Kaffeemaschine-Stehen.

Das ist zudem gut investierte Zeit. Denk an die Pflanzen in deiner Wohnung – für meinen Urban Jungle nehme ich mir ja auch jede Menge Zeit. Diese Leute, die dir da folgen und schreiben, das sind echte Menschen mit Meinungen, Empfindungen und Wünschen. Die sich ebenso untereinander austauschen. Und einen Stempel wie »Boah, die ist den ganzen Tag in ihren Insta-Storys nur am Meckern und auf Nachrichten antwortet sie entweder nie oder superunfreundlich« wird man nicht so schnell wieder los.

Kommentierverhalten auf Social Media

Tendenziell sind durch die Masse der Blogs, durch die Masse an Apps und die vielen neuen Kanäle, auf die man seine Aufmerksamkeit aufteilen muss, das Feedback und die Reaktion im Laufe der letzten Jahre anders geworden. Früher hatte ich auf dem Blog bei 600 Klicks 60 Kommentare. Heute habe ich bei 6.000 Klicks nicht einmal sechs Kommentare. Dafür gibt es jetzt Instagram-Kommentare, Instagram-Direktnachrichten, Facebook-Kommentare und -Direktnachrichten, Erwähnungen oder Verlinkungen unter anderen Bildern, Taggen im Bild …

Warum User überhaupt kommentieren? Wir wollen zustimmen oder unsere Position dagegen klar verdeutlichen. User wollen nicht nur stumm konsumieren, sondern teilnehmen. Das neue Web ist ein Mitmach-Web: Der dänische Web-Experte Jacob Nielsen (2006) fand heraus, dass der größte Teil der Partizipierenden im Internet sich dennoch passiv verhält. Etwa 90 Prozent der Internet-User sind unbeteiligt und lediglich Zuschauer. 9 Prozent sind in Form von Kommentaren am Dialog beteiligt und nur 1 Prozent der Nutzer ist tatsächlich aktiv publizierend. Letztere Gruppe zeichnet sich besonders durch sprachliche Fertigkeiten, Exponiertheit und Information sowie ein gewisses Mitteilungsbedürfnis aus. Nielsen bezeichnet dies als 90-9-1-Regel.[31] Das klingt wenig, ist aber bei 30.000 oder 300.000 eine große Menge an Menschen, die sich artikulieren und am Geschehen beteiligen will.

Die schönste Sache: Das Feedback der Leser

Es ist eine der schönsten Seiten meines Jobs, jeden Tag aufbauende Nachrichten zu lesen. Menschen, die ich motivieren konnte, die mir für ein Video danken, oder ein Mädchen, das mir schreibt, dass mein Blogpost zu meinen Migräne-Triggern ihr Leben verändert hat. Ich habe jeden Tag mindestens eine Handvoll liebe Nachrichten, die mich aufbauen und mir das Gefühl geben, dass das, was ich da mache, wichtig und wertvoll ist. Als ich angefangen habe, meine Motivationsvideos zu machen, habe ich gesagt: »Wenn eine Person mir hier drunterschreibt, dass ihr dieses Video weitergeholfen hat, dann hat es sich schon absolut gelohnt« – und genau so ist es. Es ist mir wichtig, zu helfen, anzuregen, zu inspirieren und zu motivieren. Mit gutem Beispiel voranzugehen und als solches auch gesehen zu werden. Das gehört zum Schönsten in meinem Alltag.

●●●●● Vodafone.de 12:21 22 %

[redacted]

Heute um 12:07

Luise liebt, Luise liebt das Leben, Sonnenuntergänge, Luise liebt Penny, Luise liebt .... dieser Name passt einfach wie die Faust aufs Auge! Liebe Luise, ich muss mich einfach nochmal bedanken, für die Worte und Gedanken die du mit uns teilst, für so viel Tiefgang und Inspiration! Wenn es mir schlecht geht oder ich den Antrieb kurz verloren habe, dann schau ich ein Video von dir, lese einen deiner Texte oder scrolle durch deinen wunderschönen Instagram feed!🙏 du weckst die Lebenslust

Lässt graue Herbsttage funkeln, schärfst den Blick auf die schönen Dinge im Leben, lässt einen lauter lachen, tiefer fühlen und weiter sehen! Du bist wirklich ein unglaublich magischer Mensch, du verzauberst mit Worten und Gedanken! Und dafür Danke ich dir von ganzem Herzen!
🖤🙏
Hab einen wundervollen Tag und fühl dich gedrückt ☺️

Nachricht verfassen ...

Empathie und Feingefühl: Geduld ist eine Tugend …

Natürlich gibt es auch die andere, die weniger aufbauende Seite. Ich habe in vielen Psychologie-Büchern davon gelesen, dass Menschen Dinge nicht sagen, weil sie denken, dass das ein guter Input zum Gespräch wäre, sondern vor allem, weil sie sie einfach mal rauslassen wollen. Wir überschätzen, was wir wissen, halten uns für informierter, als wir sind. Overconfidence-Effekt nennt Rolf Dobelli das. Ein Trigger, ein Satz, plötzlich will jeder sich dazu äußern, wie du deine Hündin erziehst, dabei hast du einfach nur gerade gezeigt, wie friedlich sie in deinem Bett schläft, und ein Herz daneben gemalt. Nirgendwo stand »Habt ihr Tipps für Hundeerziehung?« – man bekommt diese Ratschläge aber trotzdem. Menschen sind im Internet einfach so, das habe ich für mich verstanden. Es ist, wie eine heiße Kartoffel im Mund zu haben – man kann dem Bedürfnis nicht wiederstehen, sie auszuspucken, also seine Meinung abzugeben. Was meistens auch schön ist, weil dadurch Diskussion entsteht, aber auch manchmal zu weit geht. Ich kann behaupten, mich von einem unfassbar ungeduldigen zu einem recht geduldigen Menschen entwickelt zu haben.

Was ich gelernt habe: Hab Verständnis für andere Menschen, dafür, dass sie anders denken, anderes erlebt haben, dich nicht verstehen, fies sind, Unnötiges schreiben, es nicht besser wissen. Für einen Blogger ist es nervig, alles einzeln zu beantworten, aber als Leser sieht man die Flut der Aussagen nicht und geht davon aus, dass die eigene Nachricht die einzige ist.

Hier ein Beispieltag: Ich filme meine Hündin in meiner Insta-Story. Sie sitzt in meinem Wohnzimmer, ich schreibe dazu, dass ich eigentlich mehr reisen wollte, aber viel lieber nur bei ihr bin. Ein einfacher Gefühlsausbruch. In der darauffolgenden Stunde lese ich diese Nachrichten:

»Woher ist noch mal der Mantel von gestern?«

»Was ist das für ein Song?«

»Ich habe deine Story ohne Ton geguckt. Verkaufst du dein MacBook?«

»Aber wenn du in eine andere Stadt gehst und dort eine Wohnung hast, wäre es doch kein Problem, sie mitzunehmen! In Lissabon gibt es genug Orte für Hunde. Wenn man etwas will, dann kann man das auch schaffen!«
»Doch, du kannst mit Penny die Welt bereisen, du musst nur Fähren und Schiffe statt Flugzeuge nehmen! Hast du dich nicht richtig informiert?«
»Ich hatte auch mal einen Mops, aber seitdem ich Kinder habe, weiß ich, dass nur diese Liebe echte Liebe ist, es ist unglaublich und viel besser als alles, was du für einen Hund gerade empfinden kannst. Na ja, vielleicht bist du irgendwann auch mal so weit, das nachvollziehen zu können!«
»Tja, Pech gehabt, wer sich einen Hund holt, der ist halt selbst schuld! Nachdenken, bevor man etwas tut!«

Fragen, die man leicht hätte googeln oder auf dem Blog finden können. Den Song schreibe ich immer mit ins Bild rein, sonst findet man meine Playlisten auch mit einem Klick. Der Mantel, den ich trage, ist garantiert auch in einem der aktuellsten Blogposts verlinkt. Aussagen, die der Follower so gar nicht annehmen konnte, denn ich hatte weder gesagt, von welcher Reise die Rede war, noch wie ich dahin kommen wollte. Denn von Lissabon oder irgendwo wohnen war nie die Rede und es hapert auch nicht an Flugreisen, sondern daran, dass ich meinem Hund so einen Stress niemals zumuten würde und ein Mops nun mal nicht an den Strand von Lissabon oder Bali gehört, auch nicht per Schiff. Aussagen, die anmaßend oder aufsässig sind.

Erstere versuche ich geduldig zu beantworten, zweite und dritte ignoriere ich meistens. Ich nehme mir keine Zeit mehr für Diskussionen, bei denen ich vorher schon keinen gemeinsamen Nenner sehe.

»Hey, kannst du mal antworten, wenn du Zeit hast, mir zu schreiben?«

»Hey, ich habe eine Anfrage für dich, kann aber nicht sagen, worum es geht. Könntest du mich ASAP heute noch zurückrufen?«

»Ich bin neu in der Stadt. Hast du Lust, mir morgen deine Lieblingsplätze zu zeigen?«

»Ich bin sonst nie in Hamburg, aber zufällig am Wochenende bin ich in deiner Stadt. Könntest du mir am Samstag um 13 Uhr schreiben, wo du dich da gerade aufhältst, dann komme ich da hin, um dich zu sehen! Wir können auch einen Kaffee trinken!«

Außer der »heißen Kartoffel im Mund, die ausgespuckt werden muss« gibt es da noch die fehlende Einschätzung dafür, wie viele und wie viele gleiche Nachrichten ich pro Tag bearbeiten muss. Oder dass man nicht der Einzige ist, der nach einem Kaffeetreffen fragt. Ist ja auch völlig klar: Niemand kann hinter die Kulissen blicken. Wenn ich an der Starbucks-Kasse frage, ob es den Kaffee auch mit Mandelmilch gibt, denke ich auch nicht an die 827 Leute, die das heute schon vor mir gefragt haben. In dem Moment denke ich nur daran, ob es denn jetzt Kaffee mit Mandelmilch gibt, an mich selbst und meine Bedürfnisse. Was auch nicht verwerflich, sondern völlig normal ist.

Mein Haupttipp: Öffne Nachrichten nur, wenn du Zeit hast, sie zu beantworten. Wenn du einfach nur neugierig alles durchlesen willst, was dir geschrieben wurde, aber eigentlich unterwegs bist und das Handy beim Sprung in den Supermarkt wieder einsteckst, hast du schnell vergessen, dass da noch unbeantwortete Nachrichten auf dich warten. Deswegen lasse ich Nachrichten immer so lange ungelesen, bis ich, egal, was drinsteht oder wonach gefragt wird, Zeit habe, darauf einzugehen.

Zweiter Tipp: Leg dir eine FAQ-Seite an, auf die du verweisen kannst und auf der du die wichtigsten Infos über dich, deine Arbeitsweise, deine Songs oder dein Equipment zusammenstellst.

Wie du mit Kritik umgehst

Alles immerzu richtig machen ist schier unmöglich – Fehler sind menschlich. Vor allem in Social Media, wo man spontan postet, ohne viel Überlegung oder doppeltes Checken. Das Management eines

Stars oder die Presseabteilung einer Zeitung wägt in Krisenzeiten in gemeinsamen Meetings die beste Strategie ab-, ein Influencer öffnet einfach das Textfeld und antwortet. Da kann viel schiefgehen, man meckert zu schnell zurück, fährt aus der Haut oder rechtfertigt sich zu oft. Warum löschen sich manche Menschen (Foto, Fotos, ganzer Account) sofort, sobald es eine Krise gibt? Weil sie überfordert sind und es nicht besser wissen.

Mein Lieblingsspruch, was Hate, Kritik und Kommentare, aber auch das ganze restliche Leben drum herum angeht: Choose your battles wisely. Such dir deine Schlachten weise aus. Überleg dir, wo du dich reinhängst, welche Vorlage es wert ist, darauf einzugehen. Oder willst du als jähzornige, streitlustige Person bekannt sein, wenn jemand mal eine Bombe in deinen Kommentaren zündet? Dich kacke findet, dein Bild blöd, deine Aussage falsch? Überleg dir genau, ob es Sinn macht, sich reinzuhängen. Meistens nicht. Leseransprüche und -rezeption können völlig von dem abweichen, wie du dich siehst. Authentisch sein ist dabei nur ein Gefühl. Was dir als natürlich und passend, also authentisch, vorkommt, kann eine andere Person völlig anders sehen – denn jeder Mensch ist und tickt anders. Irgendwem wird immer missfallen, wie du dich gibst, was du sagst, wie du bist. Leg dir ein dickes Fell zu und lerne, Einladungen zu Streit-Partys einfach zu ignorieren. Vor allem online, wo Leute generell dazu neigen, loszustreiten.

No one ever wins when fighting online

Beleidigungen beantworte ich nicht und lösche sie, für konstruktive Kritik nehme ich mir aber Zeit. Dabei gilt: Du bist nicht zwingend kritikfähig, wenn du blind alles umsetzt, was dir geschrieben wird. Du kannst kritikfähig sein, über eine Aussage, eine Meinung nachdenken, und dir dann sagen: Nö, sehe ich anders, und weiter deine Schiene fahren. Oder etwas ändern. Das bedeutet es, kritikfähig zu sein.

Wenn es auf einem Kanal ein Problem gibt, übertrag das nicht auf alle anderen Kanäle. Antworte da und nur da. Keinen YouTube-Streit auf Insta-Storys weiterführen – weitere Unbeteiligte mischen sich ein, der Ruf leidet. Ich kann verstehen, dass es dir in den Fingern juckt, wenn du wirklich sprachlos über einen Kommentar bist. Aber ihn screenshotten und in die Insta-Story setzen, weil man sich ein bisschen Verständnis, Mitleid oder positiven Zuspruch erhofft, ja einfach Leute, die sich auf die eigene Seite schlagen? So groß die Versuchung auch sein mag: Lass es. Bitte. Dir zuliebe. Denn so etwas geht immer nach hinten los.

Man kann generell festhalten: Irgendwer findet sich immer, der etwas zu kritisieren hat. Ich liebe Pommes, die Leute lieben meine Food Diarys und lieben, wie abwechslungsreich und normal ich mich ernähre. Ich kriege täglich 17 Memes, die sich um Pommes drehen. Und dann wird eine Pommes-Platzierung in einem authentischen Food Diary zerrissen. Wichtig: Du kannst nicht in die Köpfe der Menschen gucken. Du kannst noch so authentisch sein, du schwimmst eben nicht mit jedem auf einer Wellenlänge. Versuch, dir Negativität nie zu sehr zu Herzen zu nehmen und dich stattdessen auf die positiven Seiten zu konzentrieren.

Nachrichten effektiv beantworten

Egal ob Kooperationsanfragen, Leser-Mails oder Anfragen zu solchen Treffen: Es hilft enorm, sich Puzzleteile für mögliche Anfragen anzulegen. Ich nutze sie zwar selten, finde sie aber äußerst praktisch. Ich habe für Nachrichten, die ich bekomme, drei Puzzleteile:

SPONSORING

> *»Hallo XY, reine Sponsoring-Kooperationen gehe ich momentan aus Kapazitätsgründen nicht ein. Gerne stelle ich Ihr Produkt aber im Rahmen eines Sponsored Blogposts oder*

eines Sponsored Videos vor. Natürlich können bestimmte Social-Media-Kanäle auch einzeln gebucht werden, Preise und konkrete Content-Darstellungsoptionen hierfür sind bitte zu erfragen. Mein Mediakit finden Sie anbei.

Ich wünsche noch einen schönen Tag,
Marie Luise Ritter«

LESER

»Hello XY, vielen Dank für deine wirklich liebe Nachricht und dass du dir die Zeit genommen hast, mir ein paar Worte zu schreiben. Habe mich total gefreut, keep going! :) Ich wünsche dir noch einen starken Tag!!

Alles Liebe, Luise«

TREFFEN

»Liebe XY, ich bekomme viele solcher Anfragen und kann das leider zeitlich nicht realisieren. Tut mir leid! :(Ich hoffe, du hast Verständnis. Ich wünsche dir noch einen schönen Tag!

Alles Liebe, Luise«

Ein zugegeben etwas langes Puzzleteil ist mein Dokument mit den meistgestellten Interview-Fragen für Bachelorarbeiten. Eigentlich wird man immer das Gleiche gefragt, und genau die Fragen habe ich in einem Best-of-Dokument beantwortet und schicke es auf Nachfrage raus. Mir jedes Mal etwas ausdenken, schaffe ich nicht, aber so kann ich wenigstens einen grob passenden Einblick mit einem Klick zurücksenden und wenigstens ein bisschen hilfreich sein. Ein Motto, das ich mal gelesen habe: No one ever got into trouble for being too professional!

Antworten von den Profis der Branche

Zehn Fragen an Erik von erikschlz.com

@erik

1. *Magst du das Wort »Influencer« oder würdest du dir ein anderes wünschen?*
   Mir persönlich gefällt es nicht, weil es oberflächlich ist und nicht genau beschreibt, was derjenige an Online-Inhalten produziert – es kann jemand sein, der Videos auf Musically hochlädt, aber genauso jemand, der sinn- und anspruchsvolle Texte veröffentlicht. Ich finde, »Content Creator« ist ein Wort, was viel besser passt.
2. *Wie würdest du deine Nische, deine Ausrichtung in einem Satz zusammenfassen?*
   Meine Nische ist der kleine Junge vom Land, der es in die Großstadt geschafft hat und dort seinen Traum lebt. Meine Nische ist, zu zeigen, dass man alles erreichen kann, wenn man es will.
3. *Was macht dir am meisten Spaß an deinem Job?*
   Dass ich mein eigener Herr bin und meine Richtung selbst gestalten kann, jeden Tag neue Leute kennenlerne, auf Events, bei Agenturen oder die Follower. Ich mag auch das Gefühl, dass man sich eine neue Familie aufbaut und quasi nie alleine ist.
4. *Was ist dein Prinzip in deinem Feed und worauf achtest du bei deinen Fotos?*
   Ich hab kein bestimmtes Prinzip wie »alles hell« oder »sehr bunt«, ich achte darauf, dass im Gesamteindruck alles zusammenpasst und einen ähnlichen oder gleichen Filter und die gleiche Temperatur hat.
5. *Was weiß auf Instagram jeder über dich?/Was weiß niemand auf Instagram über dich?*
   Jeder weiß, dass ich ein bisschen verrückt bin, gerne esse und Filme schaue und mich zwingen muss, Sport zu machen. Meine

Privatsphäre versuche ich schon strikt rauszuhalten – meine Eltern, meine Offline-Freunde, meine Heimat.

6. *Mit welchen fünf Tätigkeiten verbringst du an einem typischen Tag hauptsächlich deine Arbeitszeit?*
   Mein Tag fängt mit einer Stunde Instagram Direct, Mails, Kaffee und Fotosliken und -kommentieren an, um im Instagram-Algorithmus sichtbar zu bleiben. Der restliche Tag dreht sich um Fotos schießen, bearbeiten, Anfragen aussenden und beantworten, Kooperationen umsetzen und auf Events gehen.
7. *Was ist die kurioseste/seltsamste/schlimmste Kooperationsanfrage, die du je bekommen hast?*
   Ich glaube, die schlimmste Kooperationsanfrage war tatsächlich für einen WC-Stein – habe ich abgelehnt, und immer ist es amüsant zu sehen, wer das dann tatsächlich umgesetzt hat.
8. *Hast du mal Phasen, in denen du keine Lust mehr hast auf Instagram?*
   Ich persönlich habe immer Lust auf Instagram, da es mir so viele gute Dinge im Leben ermöglicht, weil es mir so viele Türen öffnet und es dadurch nie zu Situationen kommt, wo ich keine Lust habe, etwas zu posten.
9. *Was ist die schönste Kooperation, die du je umsetzen durftest?*
   Kann ich gar nicht so genau sagen, das sind zu viele. Aber ich arbeite seit meinen Anfängen mit H&M zusammen und durfte mit denen Festivals in Deutschland bereisen und Kooperationen für sie in Berlin shooten.
10. *Was ist der stolzeste Moment in deiner Laufbahn?*
    In meiner Laufbahn gibt es verschiedene Momente, in denen ich sehr stolz auf mich selber war – ich denke, das darf man ruhig mal sein. Ich bin stolz darauf, dass ich innerhalb eines Jahres meine Träume in Berlin erfüllt habe und mein Leben jetzt so lebe, Freunde hier gefunden und mir einen Namen in der Branche gemacht habe.

7. Authentizität

Ich tanze zu alten Songs von Wolfgang Petry, während ich ein Bücherregal einräume, zeige meine neuen Kuschelsocken, schneide Melone, knutsche meinen Hund, das ist mein alltägliches Leben, das ist echt. Ich werbe für Dinge, hinter denen ich stehe, zeige meine Shopping-Funde, meine Freude am Leben, schöne Himmel oder spannende Tage. Ich behaupte, dass ich sehr authentisch bin.

Ich habe schon oft Diskussionen über Influencer und Authentizität geführt. Ist ein Influencer überhaupt authentisch? Hört man in dem Moment auf, authentisch zu sein, wenn man das erste Mal bezahlte Werbung für ein Produkt macht? Neulich erst hatte ich eine Diskussion in einer Bar. Jemand, der mir an dem Abend vorgestellt wurde, bekam mit, was ich beruflich mache. Es gibt Menschen, die es nicht weiter spannend finden und dabei belassen, sowie Leute, die ganz dringend darüber diskutieren wollen. Ich lass mich auf solche Diskussionen gerne ein, kann es mich doch nur nach vorne bringen, zu verstehen, wie andere Leute denken. Ich bin reflektiert genug, dass ich mich nicht kritisiert oder angegriffen fühle. Seine These: Alle Influencer sind nicht authentisch, weil niemand sein komplettes Leben zeigt, sondern nur die guten Seiten. Schon etliche Male geführt, diese Diskussion. Was muss man teilen, um authentisch zu sein? Alles?

Ich denke: nein. Denn sonst würde Authentizität mit Transparenz verwechselt werden – und du musst nicht transparent sein, um deinen Job authentisch machen zu können. Authentisch sein bedeutet auch nicht, alles ohne Kooperationen zu halten und deine Zeit aus reiner Selbst- und Nächstenliebe in ein Projekt zu stecken, während du deine Miete nicht bezahlen kannst. Du kannst eine authentische Person sein, ein ehrlicher Mensch, der einfach er selbst ist, sich nicht verstellt, zu Tode bearbeitet oder versucht, jemand zu sein, der er nicht ist – das ist das Einzige, was es braucht.

> *»Studien haben gezeigt, dass werbliche Beiträge von Influencern bei den Nutzern auf Instagram vollkommen akzeptiert sind. Wenn man als Influencer durch die Welt reist und für Marken gebrandeten Content kreiert, muss man von irgendwas leben – auch wenn einem der Flug und das Hotel bezahlt wird. Solange man als Influencer die Freiheit hat, Angebote von Marken, die nicht zu einem passen, auch abzulehnen, ist die Glaubwürdigkeit nicht gefährdet. Wer allerdings zu schnell beliebig zwischen Marken der gleichen Produktgruppe hin- und herwechselt, verwässert auch seine eigene Marke als Influencer. Und darunter leidet auch die Beziehung zum Fan.«*[32]
>
> *André Krüger, 40, Kommunikationsberater und Dozent an der JvM-Academy*

Glaubwürdigkeit: Die Vertrauensbasis

Ein Phänomen des Social Web ist, dass Bloggern als »Menschen wie du und ich« bemerkenswert viel Vertrauen entgegengebracht wird. Mediennutzer neigen dazu, die von ihnen bevorzugte Quelle als die glaubwürdigste einzustufen, was vom hohen Ansehen zeugt, das Blogs bei Mediennutzern haben. »Sie messen Informationen, die ihnen dort von »Freunden« übermittelt werden, eine höhere Glaubwürdigkeit bei als journalistisch aufbereiteten Nachrichten«, zeigten amerikanische Forscher. »Fast drei Viertel der rund 3.700 von ihnen befragten Nutzer bescheinigten Blogs eine mittlere bis sehr große Glaubwürdigkeit. Lediglich 4 Prozent sagten, Blogs seien nicht besonders oder überhaupt nicht glaubwürdig«.[33]

Vertrauen gewinnt man vor allem durch das Einhalten von Versprechen und das Zugeben eigener Fehler, durch Offenheit und Ehrlichkeit, Gefühle und eine direkte Art sowie der klaren Abgrenzung zu anderen (»Ihr seid meine Community!«). Such die Gemeinsamkeit zwischen dir und deinen Followern und versuch, sie greifbar zu machen. Meine Freundin Jaqueline (@ja_liine) nennt ihre Community zum Beispiel Knobis – wegen der gemeinsamen Liebe zu Knoblauch. Wer etwas in die Welt tragen will, sei es ein Produkt oder eine Botschaft, braucht Vertrauen. Dabei kann man sich Glaubwürdigkeit als versiegenden Rohstoff vorstellen: Je mehr davon genommen wird, desto tiefer muss man nach weiterem suchen. Früher waren es Politiker, denen man sein Vertrauen schenkte, heute sind es normale und einfache Leute. Der Gesellschaftstheoretiker Niklas Luhmann beschreibt Vertrauen als einen Retter vor Komplexität: Unsere Welt ist so komplex und verlangt uns auf einer täglichen Basis so viele neue Fragen ab, dass man es kaum noch schafft, diese allein zu beantworten. Dazu zählen Fragen nach einem passenden Job oder einem neuen Kleid genauso wie Fragen, wen man denn jetzt wählen soll. Menschen suchen und brauchen Vorbilder.[34]

The Good Life: Von Selbstinszenierung und Wäschebergen

Es ist ein menschliches Bedürfnis, sich auf die guten Seiten im Leben zu fokussieren. Wissenschaftler des University College London haben herausgefunden, dass es uns glücklich macht, etwas Schönes zu betrachten. Es stimuliert die Produktion von Dopamin und erregt dasselbe Gehirnareal, wie es ein Gefühl von Verliebtheit tut. Genau das wollen wir erreichen, genau das ist es, was wir selbst sehen wollen – deswegen posten wir die schönen Momente unseres Alltags, nicht weil wir unsere Realität nicht so akzeptieren, wie sie ist. Ich kann daran nichts Falsches erkennen. Nicht authentisch meint, dass man sich nicht nur auf die guten Seiten besinnt, sondern es in eine übertriebene Selbstinszenierung ausartet. Alles andere ist menschlich.

Sei authentisch, sprich: du selbst – aber nimm dir trotzdem raus, die besten Momente deines Tages abzulichten. Ich frage mich immer: Was würde ich posten, wenn ich nur 200 Follower hätte? Und selbst nur 200 Freunden und Bekannten würde ich nicht meinen Wäscheberg zeigen, sondern lieber ein ästhetisches, schönes Foto mit Lächeln und Lebensfreude. Das eine dem anderen vorzuziehen, ist nicht unauthentisch, sondern zeugt von einem positiven Mindset. Außerdem: Auch wenn es noch so authentisch wäre, kaum jemand will dein dreckiges Badezimmer sehen. Das haben wir alle selbst zu Hause. Instagram ist eben auch eine Welt, in die man flüchten will. Vom grauen Hamburg in Gedanken auf die Malediven zum Beispiel. Von Wäschebergen zu schönen Outfits. Deswegen: Erleb was und zeig das.

Die sieben Grundregeln von Authentizität und Erfolg

Es gibt ein paar natürliche Grundregeln in Bezug auf deine Authentizität, die die meisten Influencer beherrschen, ohne sich je darüber Gedanken zu machen. Ich habe dennoch versucht, sie in Worte zu fassen:

- Wie Nicht-Perfektion zum Erfolg führt
- Erst Selbstwertschätzung macht dich interessant
- Die richtige (positive) Grundeinstellung
- Vermarkten durch Nicht-Vermarkten
- Unterhaltung, Mehrwert oder Persönlichkeit liefern
- Empathie und Bescheidenheit
- Echt sein

1. Wie Nicht-Perfektion zum Erfolg führt

Schließen Perfektion und Authentizität einander aus? Ist alles Perfekte sowieso nicht authentisch und alles Unperfekte automatisch der Gipfel der Authentizität? Es ist die Frage nach den Spiegelselfies und den aufwendigen Blog-Shootings: Erstere kriegen, zumindest wenn man eine gute Mischung aus beiden postet, eigentlich immer mehr Likes. Weil Menschen erkennen wollen, dass du einer von ihnen bist. Über dieselben Witze lachst, auch Probleme hast, das Wetter mal hasst oder mit einem Kuchenstück glücklich bist. Outtakes oder private Einblicke können der Schlüssel zum Glück sein, weil sie Identifikationsmomente sind. Das bedeutet aber nicht, dass du dir keine Mühe geben oder deine Ansprüche runterschrauben solltest. Man kann auch authentisch sein und sich dennoch Gedanken machen, was man postet, wie es aussieht, und es farblich abstimmen. Authentisch zu sein heißt nicht, nur ungefilterte Pommes-Tüten zu posten. Solange der Leser ab und an den echten Menschen hinter den perfekten Fotos erahnen kann, sieht er sich auch gerne deine perfekten Fotos an.

2. Erst Selbstwertschätzung macht dich interessant

Wenn ich neuen Accounts folge, dann denen, die eine unglaubliche Selbstwertschätzung an den Tag legen. Nicht denen, die unsicher sind: »Ich weiß nicht, ob das jemanden interessieren könnte.« Wenn ich mich wichtig finde, finden mich auch andere wichtig. Das, was du machst und postest, solltest du genauso selbstverständlich, bewusst und selbstwertschätzend machen, wenn nur ein Mensch zusieht, wie wenn 100.000 zusehen. Selbstwertschätzung ist auch, sich Auszeiten zu nehmen, wenn man nicht mehr kann, statt etwas vorzuspielen. Sei stark, auch wenn du schwach bist – ein Motto, das nicht gut fürs Influencer-Business ist. Wenn du eine private Krise nicht verarbeitest, lässt dich das in den Postings abgedreht wirken, weil du dich zu sehr von deinem eigentlichen Ich wegentwickelst. Instagram-Postings sind zumindest zu einem kleinen Teil auch immer ein Spiegel deiner Situation.

3. Die richtige (positive) Grundeinstellung

Menschen mögen Menschen, die lächeln. Die ihnen ein gutes Gefühl geben. Wir fühlen uns zu denen hingezogen, die selbst mit gutem Beispiel vorangehen, vielleicht ähnliche Träume leben oder Ähnliches durchmachen und zeigen, dass es zu schaffen ist. Sei so ein Mensch, dem man gerne folgt, weil er alles Gute ausstrahlt, weil er es wert ist, ihn in sein eigenes Leben und den eigenen Instagram-Feed zu lassen.

4. Vermarkten durch Nicht-Vermarkten

Wie du Leute für dich und deine Inhalte begeisterst? Indem du es nicht tust. Indem du keine aggressive Werbung für alles Neue machst, sondern Beiträge mit völliger Selbstverständlichkeit veröffentlichst. Eher nebenbei. Ohne einen einzelnen Post viermal zu teilen und jedes Mal wie die absolute Offenbarung zu verkaufen. Mach nicht den ganzen Tag aufdringliche Werbung für dich selbst, feiere dich und das, was du machst, nicht zu sehr, das wirkt unsympathisch.

5. Unterhaltung, Mehrwert oder Persönlichkeit liefern

In meinen Montags-Motivationsvideos versuche ich das anzusprechen, was alle denken, oder Dinge, die für viele ein Problem sind. Themen sind zum Beispiel, sich nicht mehr zu vergleichen, der eigenen Intuition vertrauen zu können, zu lernen, dass einem manches egal wird. Durch das Auslösen des »Hey, du sprichst aus, was ich denke«-Gefühls rege ich das Engagement an, liefere Mehrwert. Dass ein Post einen Mehrwert hat, funktioniert aber auch durch reine Informationen, wie »Zehn Tipps für jeden angehenden Blogger«. Dein Wissen zu teilen und damit nicht zu geizen, macht dich sympathisch.

6. Empathie und Bescheidenheit

Niemand mag Angeberei. Prahle nicht. Sei bescheiden. Denk an alle, die deine Posts lesen und vielleicht im Leben nicht so viel Glück hatten wie du. Es gibt immer Menschen, die es besser, und solche, die es schlechter haben als du, denk an beide, wenn du postest. Wenn du ein bescheidener Mensch bist, der nicht protzen muss, um glücklich zu sein, kannst du nichts falsch machen.

7. Echt sein

Wenn du 300 Follower hast, wovon 288 deine Freunde sind, ist es reichlich komisch, wenn du von heute auf morgen beschließt, dass du jetzt Influencer bist, und dich deswegen völlig unnatürlich gibst. »Sorry ihr Süßen, dass ich mich so lange nicht gemeldet habe, es geht drunter und drüber #workworkwork« ist da reichlich komisch. Sei einfach normal, sei einfach du, ohne etwas zu spielen. Sei niemand, der du eigentlich nicht bist. Mime auf Instagram nicht das wilde Partytier, wenn alles, was du willst, dein Sofa, Tee und ein guter Film ist. Mach dir deine eigenen Vorlieben zunutze. Und wenn Filme dazugehören, warum veröffentlichst du nicht deine eigene wöchentliche Filmkritik? Wenn du sonntagmorgens gerne backst, statt auszuschlafen, wie wäre es mit einem Sonntagspost mit deinem zur Stimmung passenden Backrezept der Woche und ein paar Tipps für den jeweils perfekten Sonntag? Für alles gibt es jeweils Anhänger – sei einfach du selbst, und es wird dir am meisten Spaß machen und sich nie wie Arbeit anfühlen. Dauerhaft jemand anderes zu sein würde bedeuten, dauerhaft eine Rolle zu spielen – klingt in einem 24/7-Business ziemlich anstrengend. Echt sein ist nicht nur sympathischer, sondern auf Dauer auch einfacher durchzuziehen.

Wenn du diese sieben Richtlinien im Hinterkopf hast oder dir schon klar darüber warst, kann nichts mehr schiefgehen. Auf zwei weitere Punkte möchte ich hier trotzdem noch eingehen:

Watch what you post

Wenn etwas passiert, ein Attentat, ein Terroranschlag, ein Amoklauf, irgendetwas, das die Welt und alle Medien in Atem hält, dann pass auf, was und wie du postest. Ganz viel Feingefühl ist hier gefragt. Wenn du entschieden hast, dass politische Themen bei dir keinen Stellenwert haben, dann poste lieber zwei Tage gar nichts, als jemandem, den das mitnimmt, mit deiner Ignoranz zu kränken. You can't live under a rock like that. Manche mag es vor den Kopf stoßen, wenn du dich nicht dazu äußerst, andere vielleicht, wenn du etwas dazu sagst. Wenn du nicht weißt, was du sagen sollst, wenn du nicht weißt, was angebracht wäre und zu deiner Marke passen würde, dann lass es. Was gar nicht geht: Bereits vorgeplante, also automatisch veröffentlichte Postings weiterlaufen lassen. Es gibt nichts Schlimmeres, als kurz nach einer Schreckensmeldung deinen Abonnenten ein »Mit diesen 10 Abkühlungen überstehst du jeden heißen Sommertag!« auf die Startseite zu setzen. Unsensibel hoch zehn!

Und auch sonst solltest du immer darauf achten, was du sagst. Wenn du Kaffee scheiße findest, niemals Hörbücher hören würdest und nicht verstehst, wie Leute das Taxi nehmen können, verbaut dir das jede Menge Kooperationen. Denn irgendwer wird sich daran erinnern, was du einmal gesagt hast, und es dir vorhalten. Wenn du dich also an deine eigenen Worte nicht immer so gut erinnern kannst und kein Buch über deine Aussagen führen möchtest, merk dir einfach: Pass auf, was du online stellst.

Vorbildfunktion

Als Influencer hast du Follower, Menschen, die zu dir aufsehen, die dich sympathisch finden, die sich von dir inspirieren lassen, Sachen nachkaufen oder nachahmen, wenn du sie gut findest.. Du hast eine Vorbildfunktion, der du dir bewusst werden musst. Ich würde beim Autofahren das Handy nicht zur Hand nehmen, erst recht nicht, um

Insta-Storys zu drehen und beim Fahren zu erzählen – viele machen das aber und gefährden sich damit nicht nur selbst und alle um sich herum, sondern verletzen damit auch ihre Vorbildfunktion enorm. Geh mit gutem Beispiel voran, leb etwas vor, dass du auch deiner kleinen Schwester vorleben würdest.

Das sind im besten Fall kein Snappen beim Autofahren, Bescheidenheit statt Angeberei, kein übermäßiger Alkoholkonsum, kein Promoten von Schönheits-OPs. Wichtig finde ich auch, in puncto Bildung mit gutem Beispiel voranzugehen. Klarzumachen, wie wichtig eine Ausbildung oder ein Studium als Grundlage ist oder dass man Wörter wie »behindert« nicht benutzt, freundlich und höflich ist. Denn: Ich möchte Influencer werden heißt, ich möchte Vorbild der jungen Generation werden! Manchmal muss die Authentizität zugunsten der positiven Beeinflussung zurückstecken, auch das macht einen guten Influencer aus.

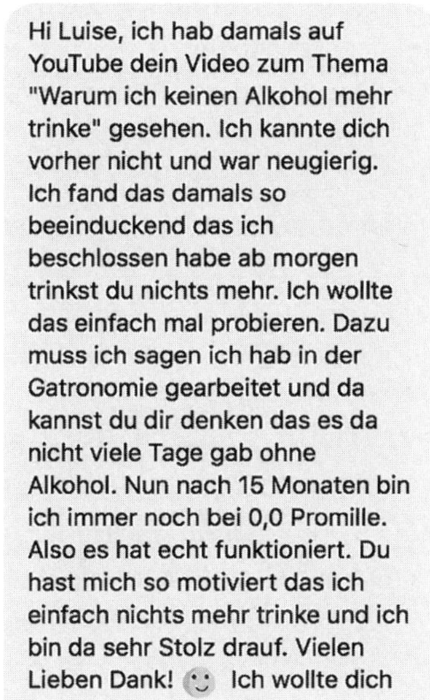
Hi Luise, ich hab damals auf YouTube dein Video zum Thema "Warum ich keinen Alkohol mehr trinke" gesehen. Ich kannte dich vorher nicht und war neugierig. Ich fand das damals so beeinduckend das ich beschlossen habe ab morgen trinkst du nichts mehr. Ich wollte das einfach mal probieren. Dazu muss ich sagen ich hab in der Gatronomie gearbeitet und da kannst du dir denken das es da nicht viele Tage gab ohne Alkohol. Nun nach 15 Monaten bin ich immer noch bei 0,0 Promille. Also es hat echt funktioniert. Du hast mich so motiviert das ich einfach nichts mehr trinke und ich bin da sehr Stolz drauf. Vielen Lieben Dank! 🙂 Ich wollte dich

Die Sache mit der Privatsphäre

Es kann anstrengend werden, über 30.000 oder 300.000 Freunde zu haben. Sie haben Erwartungen, sie sind beleidigt, wenn man nicht antwortet. Oder sie kommen zu nahe, Männer werden anzüglich. Du musst Abstand nehmen und dich in deinem Kopf abgrenzen können. Du musst dir ein dickes Fell zulegen. Influencer ist ein Job, den nicht jeder machen will, den tatsächlich nur wenige machen können, weil er mit Stress, Entbehrungen und einer Offenlegung des Privatlebens einhergeht. Dafür muss man der Typ sein – und kann sich trotzdem Strategien überlegen, um ein bisschen Privates zu bewahren. Ein Blogpost, der sich um dieses Thema drehte: »Warum ich meinen Freund so lange nicht auf Instagram gezeigt habe«.

9 JUN 2017

»(…) Inspirieren zu können, ist ein unfassbar tolles Gefühl. Um inspirieren zu können, muss man authentisch sein, man selbst sein, echt sein. Dazu gehört es oft, eine große Portion eigener Gedanken und Gefühle zu teilen. Sich angreifbar zu machen. Eine meiner größten Aufgaben ist dabei schon immer, den richtigen Spagat zwischen Teilen und Für-sich-Behalten zu finden. Zu privat sein zu müssen, kann irgendwann anstrengen, zu viel wissen zu lassen genauso. Sobald du Menschen eine Hand voller Informationen reichst, wollen sie mehr. Dann haben sie das Gefühl, Ansprüche stellen zu dürfen, sich Teile von dir für sich selbst mitzunehmen. An deinem Leben aktiv teilzunehmen, als wäre das hier eine neue Folge Choices und wir könnten alle gemeinsam entscheiden, wie es weitergeht. Weil ich es liebe, mein authentischstes Ich zu sein und zu zeigen, habe ich mich noch nie besonders privat gehalten. Vor allem die Menschen, mit denen ich Wohnung und Leben teilte, habe ich schon immer freimütig verlinkt. Warum auch nicht, das Foto ist doch wirklich schön?!

(…)

Meinen jetzigen Freund, den ich zu Beginn des letzten Sommers kennengelernt habe, habe ich monatelang gar nicht gezeigt. Nicht nur, weil ich schlechte Erfahrungen gemacht habe, sondern auch, weil ich inzwischen überzeugt bin: Um sich zu

entwickeln, braucht eine Beziehung Privatsphäre und einen geschlossen Rahmen statt Druck von außen.
Denn jedes Posting heißt irgendwie auch: Guckt euch meinen Menschen an, das ist er. Nicht, dass man das in erster Linie aussagen möchte. Aber meistens tut man es doch. Und alle folgen dieser beabsichtigten oder ungewollt übermittelten Botschaft. Nehmen teil, freuen sich mit – oder auch nicht. Ab dann hat man die Sache nicht mehr in der Hand.
Ich habe erkannt, wie erfrischend es sein kann, auch einfach mal Dinge für sich zu behalten. Und inzwischen teile ich dich nicht nur, weil ich dieses oder jenes Foto wirklich schön finde, nicht nur, weil du anders bist als alles zuvor, weil du unfassbar aufgeschlossen bist und mir den Rücken stärkst, weil ich keine Bedenken habe – sondern weil ich entschieden habe, das Glück, das ich empfinde, auch wieder ausdrücklich teilen zu wollen.«

Bei manchen Influencern geht es so weit, dass sie nur noch zeitversetzt posten – kein Foto direkt aus dem Café, kein Snap direkt aus dem Flieger, um die eigene Privatsphäre zu wahren. Viele Follower zu haben bringt Gegner mit sich, die nur darauf warten, dass man acht Stunden in einem Flugzeug sitzt, ergo den eigenen Content nicht checkt, um zu spammen oder Hasskommentare abzulassen. Für solche Situationen muss man sich eine Vermeidungsstrategie zulegen. Entweder du hast mit steigender Reichweite jemanden, der deine Log-in-Daten hat und dir hilft, oder du vermeidest es, kurz vor deiner Abwesenheit etwas Wichtiges zu posten.

Welche Dinge sind für mich privat? Ich schneide meinen Freund zwar nicht raus, wenn er durch meine Insta-Story läuft, und zeige Fotos von uns, die ich besonders gerne habe, aber ich erzähle nichts über unsere Beziehung. Wie wir uns kennengelernt haben, ob wir irgendwann zusammenziehen werden, all das behalte ich für mich. Und genauso führe ich meine Accounts: Ich teile das, was für mich natürlich ist, ich habe keine strikten Guidelines und Vorgaben.

Manchmal habe ich vielleicht zu viel erzählt und das dann bereut – weil man aus Fehlern immer lernt. Deswegen gibt es jetzt Dinge, bei denen es sich für mich nicht mehr natürlich und leicht anfühlt, sie zu thematisieren. Genauso beantworte ich nichts mehr zu meinem Hund und zu meiner Nasen-OP.

Und vielleicht ist es so, mit einem kleinen Nischen-Account, wo du kleine Kooperationen umsetzt, aber nicht Hinz und Kunz den ganzen Tag über dein Leben diskutieren, viel schöner. Ich habe auf Instagram lange keine 500k, werde ich niemals haben – aber das wäre auch nicht das Richtige für mich. Ich glaube inzwischen, dass die Leute, die so groß werden auf Instagram, auch automatisch die sind, die mit so einem großen Verlust der Privatsphäre sehr gut umgehen können.

Im März 2017 habe ich auf meinem Blog einen sehr ehrlichen und spontanen Text namens »Wie viel kostet deine Wohnung?« veröffentlicht. Der lautete nach einer kurzen, erklärenden Einleitung so:

Parasoziale Beziehungen

> *»Wenn man sich sehr authentisch und nahbar gibt so wie ich, nichts dabei findet, einen Teil der Familie mal durch die Videos huschen zu lassen, statt alles rauszuschneiden, den genauen Stand seiner Wohnung zeigt, ungeschnitten von Liebeskummer, Trennungen und guten Momenten erzählt – dann fällt es manchen manchmal schwer einzuschätzen, dass man dennoch nicht alles teilt, sondern auch das nur ein kleiner Teil eines großen Bildes ist. Dass ich trotzdem nur ›jemand aus dem Internet bin‹, gefühlt vielleicht wie eine große Schwester, die Tipps gibt – aber lange nicht die reale beste Freundin.*
> *Denn dann kommen diese Fragen, in jeder vierten oder fünften Mail ungefähr, die irgendwie zu nah sind. Während ich das tippe, fühle ich mich wie in* Dirty Dancing*, so, als ob ich versuchen würde, jemandem meinen und seinen Tanzbereich zu erklären. Es fühlt sich komisch an, darüber zu schreiben,*

als würde ich jemandes Gefühle verletzen. In die Schranken weisen will ich niemanden, nur einmal verdeutlichen, wie manches bei mir ankommt.«

Parasoziale Beziehungen nennt man das, wenn Menschen glauben, dich so gut zu kennen, dir so nah zu sein, dass sie dir alles schreiben dürfen. Dich einfach alles fragen dürfen. Jeder Mensch, ob »Influencer« oder reine Privatperson, hat Dinge, die er in die Öffentlichkeit trägt, und Dinge, die er für sich behält. Oder Dinge, über die er nicht redet, weil sich das vielleicht nicht so gehört, weil es nicht speziell zu seinen Inhalten gehört, weil es nicht zu der Botschaft gehört, die er online vertreten möchte. Ich führe da als Beispiel mal Maddie von Dariadaria an: Sie erzählt auf ihrem Blog von Nachhaltigkeit, Greenwashing, ihren Urlauben, ihrer veganen Ernährung und ihren Gedanken zu politischen Themen oder Feminismus. Sie gibt keine Tipps für eine gut laufende Beziehung, gibt keinen Einblick in ihr Schlafzimmer, in ihr Liebesleben, auf ihr Konto oder in ihren Alltag – den abseits von Insta-Storys – und wird trotzdem immer wieder danach gefragt.

Aber wie reagiert man adäquat auf so etwas? Das ist kein ausgetüftelter Wahlkampf mit jeder Menge PR-Beratern und Strategen. Das sind, in meinen und ihrem Fall, einfach zwei junge Frauen, die vor Jahren beschlossen haben, ihrer Botschaft, ihrem Mitteilungsbedürfnis oder ihren Texten eine Online-Plattform zu geben. Wir machen Dinge falsch, teilen zu viel, haben aus einem Hobby einen Beruf gemacht, müssen uns Fragen aussetzen, die eigentlich niemand gestellt bekommen will, unter jedem Foto und immer wieder. Obwohl es eigentlich längst um etwas anderes geht. Da frage ich mich: Gibt es nur Öffentlichkeit oder totale Privatsphäre? Geht nur das eine oder das andere? Muss man, wenn man über ein Thema in seinem Leben schreiben will, zwangsläufig mit allem rausrücken, sich transparent machen? Klar, man mag sagen: selbst schuld, selbst ausgesucht. Ich mache mich nahbar, ich kann gut verstehen, dass manche mich als »Freundin« wahrnehmen – und ich kann nicht abstreiten, das auch gut zu finden. Aber ich mag es, manches zu teilen und anderes für mich zu behalten. Und ich finde nicht, dass man sich zwischen beidem entscheiden muss. Ich bin authentisch, weil ich mich nicht verstelle. Und nicht: Ich bin authentisch, wenn jeder alles über mich weiß.

Nahbar bedeutet nicht transparent. Täglich fragen Leute danach, wie viel Geld sich auf meinem Konto befindet, im Deckmantel des »ob sich so eine Selbstständigkeit lohnt«, was mein Freund denn beruflich macht. Ich kann keine zufriedenstellenden Antworten geben, habe auch ein Privatleben, das ich schütze, trage nicht alles ins Internet. Der Fragende müsste eigentlich schon beim Stellen der Frage wissen, dass er darauf keine Antwort bekommen wird. Ich fühle mich beim Tippen unwohl und sitze nicht selten kopfschüttelnd vor dem Laptop.

»Was macht dein Freund eigentlich beruflich?«

»Wie viel kostet deine Wohnung? Verdienst du dreimal so viel, wie deine Wohnung kostet? Das sollte man ja! Tust du das??«

»Was machst du mit Penny, wenn du verreist? Du lässt sie doch nicht etwa alleine?«

»Gibt es in Hamburg wirklich Kindergärten für Hunde? Oder denkst du dir das aus?«

»Wie viel hast du in deinem ersten Jahr Selbstständigkeit verdient? Wenn du keinen Fernseher hast, weißt du überhaupt, wie Angela Merkel aussieht?«

Ich bin mir sicher, dass niemand es böse meint, die meisten wahrscheinlich gar nicht darüber nachdenken, dass die Antworten auf diese Fragen selbsterklärend sind. Natürlich lasse ich Penny nicht alleine. Natürlich habe ich Hundesitter und einen Freund, der auf sie aufpasst. Das kommt jedem auch selbst in den Sinn – und trotzdem ist die Frage in jedem Urlaub wieder unter meinen Instagram-Fotos. Dass ich nicht in eine Wohnung ziehen würde, wenn ich sie mir nicht leisten könnte, sollte einem bei meinem Verantwortungsbewusstsein auch klar sein. Dass niemand seine Einnahmen veröffentlichen muss – außer dem Finanzamt gegenüber –, genauso. Und ja, man kann sich in Zeiten des Internets sehr gut über Nachrichten informieren, die einen Fernseher gar nicht von innen sehen würden. Wie Angela Merkel aussieht, weiß ich also nicht nur, ich habe sie auf der Stallwächter-Party letzten Sommer, einem Polit-Event, sogar persönlich gesehen.

Und ich habe noch gar nicht die Mails erwähnt, die mich nach Tipps fragen, zu einem Privatleben, in das ich noch weniger Einblick habe als andere Leute in meines.

»Sollte ich mich von meinem Freund trennen? Soll ich in die andere Stadt ziehen?«

»Ich nehme einfach nicht weiter ab, was soll ich tun?«

»Soll ich mir meine Nase so operieren lassen so wie du? Wird mein Nasenrücken durch eine OP breiter? Kannst du mir sagen, wann meine Schwellung nachlässt?«

»Warum hört mein Hund nicht so gut wie Penny?«

»Soll ich mein iPad verkaufen und mir ein MacBook holen?«

Ich kann dir erzählen, was Glück bedeutet, wie man selbstbewusster wird oder wie ich mich motiviere. Ich habe ein E-Book darüber geschrieben, ein richtig dickes Buch, wenn man es ausdruckt. Ich kann dir sagen, welches mein Lieblingsrestaurant ist oder was in meinem Kopf vorgeht. All das beleuchte ich ja auch auf meinem Blog. Aber wie soll ich dir Tipps zu deinem Leben geben, ohne dich zu kennen? Ich mag das, dass ich für viele wie eine Freundin oder eine große Schwester bin. Aber ich bin nur WIE eine Freundin – keine Freundin. Das geht gar nicht, man kann ja nicht mit 30.000 Menschen befreundet sein. Dafür müsste ich das Leben von 30.000 Menschen genau kennen. Auch wenn ich fühle, wie ich mich mit diesen Worten unbeliebt mache, weil das Geschäft mit der Influencerei eben genau so funktioniert.

Und abgesehen davon ist da noch der Fakt, dass ich zwar lese, schreibe, teile – aber natürlich auch nicht alles weiß: Ich bin weder Ernährungsexperte noch gelernter Hundetrainer noch Nasenspezialist. Ich kann dir nicht sagen, warum du nicht abnimmst, warum dein Hund nicht hört oder wann die Schwellung deiner operierten Nase nachlässt. Es wäre auch absolut fahrlässig von mir, zu irgendeinem dieser Themen weitreichende, persönlich zugeschnittene Tipps zu geben. Ich kann dir nur sagen, was bei mir funktioniert, wie ich es gemacht habe – aber das findest du ja alles auf meinem Blog oder in meinen Videos.

Ich sehe das nicht als Problem, das ich lösen muss, habe nachts keine Albträume, weil mir wieder jemand geschrieben hat, dass mein Exfreund besser zu mir gepasst hätte, möchte niemanden erziehen und vergrabe mich nicht unter einem Stein mit dem Wunsch, ich könnte das Internet löschen. Aber warum nehme ich mir die Zeit, solche rhetorischen Fragen überhaupt zu beantworten? Warum verfasse ich diesen Text? Vielleicht, weil ich einfach mal von meiner Sicht der Dinge erzählen wollte. Diesen Kopfschüttel-Momenten. Dass man zwar ein dickes Fell hat, ein dickeres Fell als Menschen, die sich nicht online Kommentare zu ihrem Leben anhören müssen, aber dennoch nicht alles maskenhaft weglächelt. Und wenn ich nicht darüber schreibe, wie sollte dann der eine oder andere vielleicht noch nicht so alte Mensch wie ich überhaupt erkennen, dass er eine klare Trennung zwischen den Menschen, die er kennt, und denen, denen er online folgt, machen muss? Das sind ja keine Hater. Das sind Menschen wie du und ich, die eine virtuelle Welt für realer halten, als sie es sollten. Vielleicht zeige ich meinen Freund irgendwann mal. Vielleicht entsteht im nächsten Urlaub ein schönes Foto, das ich niemandem vorenthalten möchte. Vielleicht wird er zufällig im nächsten Blog zu sehen sein, weil ich vergesse, ihn rauszuschneiden. Vielleicht schreibe ich auch mal darüber, wie ich ihn kennengelernt habe – oder vielleicht habe ich das in einem Freitagstext schon längst getan. Ich bin ein Fan von »zwischen den Zeilen«. Schon immer gewesen. Aber ein Anspruchsdenken auf Informationen darüber? Ungerechtfertigt, finde ich.

Eigentlich möchte ich »happy vibes« versprühen, Motivation, gute Laune, positive Erlebnisse und Alltagsgedanken. Aber eben manchmal auch: aufmerksam machen, meine Leser zu in alle Richtungen denkenden, nachdenkenden, mitdenkenden, reflektierten und emphatischen Menschen »erziehen«, vielleicht ein bisschen meine Sichtweise beleuchten, eine, an die man eventuell gar nicht denkt, wenn man frohen Mutes das Kommentarfenster öffnet und zu tippen beginnt. Denn wenn ich Nachrichten lese wie diese, muss ich schon schlucken:

»Hi, ich habe dich was gefragt. Es ging um deine Miete, deinen Freund und warum du jetzt nach Hamburg gezogen bist. Ich weiß einfach nicht, ob ich nach Hamburg ziehen soll, und würde gerne wissen, wie du das machst. Wann antwortest du mir?«

Alles zu lesen, zu beantworten, macht einen großen Teil meiner Zeit aus, ist eine fast tägliche Beschäftigung. So wie ich mich mit Yoga, gesunder Ernährung und dem Einrichten meiner Wohnung beschäftige. Täglich. Lesen, antworten. Da möchte ich lieber schöne Geschichten lesen, nicht solche Nachrichten, die mich stutzig machen, die mich anfeinden, die ein Anspruchsdenken auf jegliche Informationen legitimieren wollen.«[35]

»Viele Leser sehen mich als Freundin, auch wenn ich nicht ihre Freundin bin.
Der Entzug von Informationen, die mich noch greifbarer machen, ist eine Art Liebesentzug, und das irritiert.«
Madeleine Alizadeh (Blog DariaDaria) für kurier.at

Immer häufiger ist zu beobachten, wie Blogger, die einen großen Teil ihres Privatlebens mit der Welt im Internet teilen, damit zu kämpfen haben, sich Privatsphäre zu bewahren. Sie gewähren Einblicke in ihren Alltag, ihren Urlaub, ihren Kühlschrank, ihre Badroutine, zeigen ihr Essen und was sie wo kaufen. Eigentlich schon verrückt genug, wenn man es mit Abstand betrachtet. Aber wir alle verfolgen das mit Begeisterung, mit Neugier und geben doch auch so viel im Internet preis. Und trotzdem muss es, wenn es nach dem Willen vieler geht, noch mehr sein. Über jedes noch so kleine und wirklich private Detail wird Auskunft verlangt. Und das geschieht mit verblüffender

Selbstverständlichkeit. Wie oft kann man lesen: »Du stehst mit deinem Leben in der Öffentlichkeit und hast es dir so ausgesucht, dein Leben mit uns zu teilen! Also musst du auch damit rechnen, dass du so etwas gefragt wirst und Menschen über dieses Puzzleteil deines Lebens mehr wissen wollen!«

Niemand muss sich alles gefallen lassen, darauf eingehen und antworten. Die Blogger haben mit ihrem Schritt in die Weiten der sozialen Medien, der ja immer erst mal ganz klein angefangen hat, keinen Vertrag unterschrieben, über alles Auskunft geben und sich vollkommen transparent machen zu müssen. Das Unwohlsein einiger Blogger gegenüber mancher Art von Fragen mag auf Unverständnis bei den Lesern stoßen und ja, vielleicht auch eine Art Liebesentzug sein – ist aber absolut gerechtfertigt. Denn jeder hat ein Recht auf Privatsphäre, auch wenn man freiwillig Ausschnitte seines Lebens mit der Öffentlichkeit teilt.

Antworten von den Profis der Branche

Zehn Fragen an Diana von doandlive.de

@doandlive

1. *Magst du das Wort »Influencer« oder würdest du dir ein anderes wünschen?*
   Nein, mag ich nicht. Bei vielen amerikanischen YouTubern und Bloggern kursiert der Begriff »Content Creator« – das finde ich viel schöner, treffender. Dieser Begriff wertet die Arbeit, die wir tun, nicht so herab, wie es »Influencer« tut. Wir »influencen« ja nicht primär, wir erstellen Inhalte, erzählen Geschichten.
2. *Welches war die schönste Kooperation, die du je umsetzen durftest?*
   Hier muss einfach meine Zusammenarbeit mit New Balance Deutschland stehen, die über die Agentur Styleheads aus Berlin läuft. Die geht schon über ein Jahr, hat mich von der Hob-

byläuferin über meinen ersten Halbmarathon und dann schließlich zu meinem ersten Marathon in New York begleitet, ich war zu 100 Prozent frei in meiner Umsetzung, habe unfassbar viele schöne Inhalte erstellen dürfen, wurde rundum betreut, und kaum ein Thema ist auf so viel Interesse meiner Leser gestoßen, selten habe ich so viel positives Feedback bekommen.

3. *Musst du dich manchmal zwingen, etwas zu posten?*
   Ja, aber dieses Gefühl versuche ich oft mit dem Gedanken zu entkräften, dass ich das alles primär für mich mache, zu nichts gezwungen bin und die Welt sich auch weiterdreht, wenn ich mal für ein paar Tage offline bin.
4. *Wie sehr steht man unter Druck, dass man immer mehr Follower gewinnt als verliert?*
   Ich habe mich mittlerweile von diesem Druck gelöst, aber da man von vielen potenziellen Kunden über verschiedene Tools analysiert und verglichen wird, spielt eine schlechte Wachstumsrate auch ins Business mit rein – da macht man sich natürlich immer mal wieder Gedanken.
5. *Kommen bei Instagram eher oberflächlichere Accounts an oder »reale« mit ungestellten Bildern und Storys?*
   Meiner Meinung nach wachsen eher oberflächlichere, auf wunderschön inszenierten Bild-Content und auf reine Inspiration ausgelegte Accounts viel, viel schneller in Sachen Reichweite und Größe. Reale Accounts, die nahbarer sind, haben hingegen oft eine viel stärkere Bindung zu ihren Lesern, da man sich tatsächlich mit ihnen identifizieren kann.
6. *Was ist dein Prinzip in deinem Feed und worauf achtest du bei deinen Fotos?*
   Ich versuche, eine einheitliche Bildbearbeitung zu benutzen, sodass das Raster der letzten zwölf Posts farblich einheitlich und stimmig aussieht. Ich plane meine Posts grob voraus, schiebe Posts auch manchmal im Timing, wenn der Feed sonst irritierend aussieht – aber nichts davon ist endgültig, vieles poste ich dann doch einfach spontan.

7. *Hast du dich schon einmal unauthentisch gefühlt?*
   Ja, aber nur im Nachhinein. Wenn ich auf Aussagen oder Inhalte zurückblicke, die ich vor Monaten veröffentlich habe, und dann teilweise denke: Hier hast du aber nicht genug nachgedacht. Passiert aber, glaube ich, jedem Mal.
8. *Was ist die kurioseste/seltsamste/schlimmste Kooperationsanfrage, die du je bekommen hast?*
   Ich habe mal eine Rundmail bekommen mit der Kooperationsanfrage für eine Schamlippen-Schönheits-OP. Weil das ein Thema sei, das viele Frauen betreffe, sollte ich das doch mal ausprobieren und darüber schreiben. Das ist definitiv mein Top eins.
9. *Wenn du etwas an der Influencer-Branche ändern könntest – was wäre das?*
   Ich finde es gut, wenn alle Content Creator sich wieder drauf besinnen, das zu sharen, zu zeigen und zu posten, was ihnen gefällt, und nicht nur die Dinge, die gut ankommen – das würde die Branche wieder viel realer machen.
10. *Was ist dein wichtigster Tipp für alle, die jetzt mit einem Blog oder Instagram anfangen wollen?*
    Fangt an, weil ihr erzählen wollt, weil ihr etwas zu erzählen habt. Überlegt euch vorher: Was wollt ihr teilen?, und behaltet das dann auch bei, ohne euch verbiegen zu lassen. Viele verlieren mit der Zeit ihren eigentlichen Grund und ihre eigene Story, dazu sollten wir alle wieder zurückkehren.

8. Marke

Die Firma Schlecker ist das Paradebeispiel, um zu erklären, warum Marken im 21. Jahrhundert anders funktionieren als Jahrzehnte zuvor. In den 1970er- und 1980er-Jahren boomten die Filialen der Drogeriekette – sie waren nah dran, fußläufig zu erreichen und damit das Sinnbild von Bequemlichkeit. Ab 2000 veränderten sich die Ansprüche der Käufer: Heute muss Einkaufen Spaß machen, Marken müssen sympathisch sein, sich engagieren, freundlich aufgemacht und zukunftsorientiert wirken – wie dm. Eine Marke, die Kundenbindung, Mitmachoptionen, Nahbarkeit lebt. Schlecker zog da nicht mit und verdrängte sich selbst aus dem Blickfeld der anspruchsvollen Kunden. Jahre nach der Insolvenz von Schlecker müssen jetzt nicht nur die großen Marken ihr Image aufpolieren – auf einmal geht es um jeden Einzelnen von uns.

Warum muss man ein Personal Brand sein?

Selbstverantwortung, Werte, Emotionen, Geschichte, Vertrauen, Dynamik und Positionierung sind das, was eine Marke ausmacht. Sich abzuheben ist schwierig, da es von vielem ohnehin schon zu viel gibt. Wer sich zur Marke machen will, muss vor allem eins vermitteln: Feuer und Begeisterung für das, was er tut, Professionalität und einen klaren Willen. Dazu ein starker Name und Charakter, Wiedererkennungswert und Identifikationspotenzial. Self-Branding, Personal Branding oder Human Branding nennt man das, wenn es auch noch mit einem Gesicht und einer bestimmten Person verknüpft werden kann. Öffentlichkeitsscheue Chefs verschenken Marktpotenziale im großen Stil.

Früher hatten Firmen ein Produkt und haben sich durch Qualität und Kontinuität einen Kundenstamm aufgebaut – beim Personal Branding ist es genau andersrum. Du baust dir Follower, also einen theoretischen Kundenstamm, auf, ohne ein Produkt zu haben – außer dir selbst. Und bist trotzdem eine Marke. Deine eigene Marke. Es herrschen unübersichtliche Zeiten – Menschen, an denen man sich orientieren kann, sorgen für Übersichtlichkeit, sie sind Wegweiser im Online-Dschungel.

Wir sind Persönlichkeitsmenschen. Wir lechzen nach Emotionen, Einblicken und Privatheit. Wir lesen lieber Romane als Fachbücher. Einzelschicksale nehmen uns mehr mit als das Leiden der breiten Masse. Ein Mädchen, das einen Krieg nicht überlebte, mit Foto und Vorgeschichte, bringt uns mehr Wasser in die Augen als eine Statistik, wie viele Tausend Tote der Krieg gefordert hat. So ist der Mensch gepolt, er wird sich immer zu Einzelpersonen hinwenden, um Information oder Inspiration zu erfahren und sein Vertrauen zu schenken. Genau das ist der Grund, warum Menschen besser funktionieren als Markennamen.

Wie ich zur Marke wurde

Ich habe 2011 genau damit angefangen, ohne wirklich zu wissen, was ich da tue und wie man das bezeichnen könnte. Ich war im zweiten Semester Journalistik, die Professoren brieften uns jeden Seminaranfang erneut (zumindest gefühlt), wie schwierig die Branche wäre, wie es mit dem Zustand der Printmedien aussieht und dass man sich nicht allzu hohe Chancen als Berufsanfänger erwarten sollte. Außer, fügten manche von ihnen hinzu – oder vielleicht ich auch nur in meinem Kopf –, man schafft es, richtig gut in dem zu sein. Oder, kam mir die Idee hinterher, vielleicht muss man nicht der Beste aus 100 sein, aber man muss sich zumindest am besten verkaufen können. Nicht zwingend »Fake it till you make it«, aber eben die eigene Leistung, auch über ein Vorstellungsgespräch hinaus, bestmöglich darstellen.

In den Semesterferien fiel mir der Gedanke wieder ein, und ich legte mir eine eigene Domain an, marieluiseritter.de. Ich wollte damals gern für *NEON* schreiben und verfasste für die Seite lustige Kolumnen und Essays. Win-win: Ich füllte meine Seite, quasi mein kleines Portfolio, und hatte zusätzlich, sollte ich mich irgendwann mal bei *NEON* bewerben, einiges an Textproben in petto. So habe ich 2011 gedacht. Das waren die Anfänge meines Auseinandersetzens mit dem Thema Personal Branding. Heute weiß ich: Die stärkste Marke bist du selbst! Und heute weiß ich: Wir leben im Zeitalter der Inszenierung. Unsere eigene Marke – die haben wir komplett in der Hand.

Warum ich luiseliebt heiße

Als ich mit 19 Jahren mit marieluiseritter.de anfing, wusste ich schnell, dass der Name nicht der richtige ist, um meine Marke zu unterstreichen. Nicht, dass ich damals Ahnung von Corporate Identity oder Markenbildung gehabt hätte. Mir war einfach nur klar: Zu einem persönlichen Blog, einem privaten Tagebuch passt etwas locker und leichter Klingendes besser. Ich dachte gar nicht lange darüber nach, es war eine Eingebung. Luiseliebt. Alliteration, und ich schreibe ja über das, was ich liebe. Passt. Als ich die Idee für meine neue Seite »Zielstreberin« hatte, sicherte ich mir ebenso sofort alle Domains mit wichtigen Endungen, den Namen auf allen Social-Media-Kanälen (ja, die waren damals alle noch frei!). Es ist wichtig, dass es bei einem Namen direkt Klick macht. Marie Luise Ritter? luiseliebt.de? Ach ja, die Bloggerin, die über positives Denken und Glücklichsein schreibt. Ganz genau, das ist mein Branding.

Die moderne Visitenkarte

Als Influencer ist es besonders wichtig, sich selbst gut vermarkten zu können. Es reicht nicht nur, qualitativ gute Inhalte online zu stellen – du musst interessant sein, dich auf Events gut verkaufen, so arbeiten, dass du erneut gebucht wirst, in den Köpfen hängen bleibst, ein klares Identifikationspotenzial bietest, aus der Masse rausstichst und deinen Content über verschiedene Kanäle hinweg streust und untereinander verbindest. Als Model wirst du nicht nur gebucht, wenn du in die Vorstellungen passt, Maße und Attitude mitbringst – sondern am besten noch 1m Instagram-Follower hast wie lorenara. Du kannst Headhunter und potenzielle Auftraggeber auf dich aufmerksam machen, indem du dich spannend vermarktest und platzierst. Wenn du eine Buchidee hast, fragen Verlage nicht nur danach, sondern auch, wie du helfen kannst, das Ganze zu promoten. Und darauf musst du eine Antwort haben. Du musst deine eigene Marke sein.

Die richtige Entwicklung: fünf Steps auf dem Weg zur eigenen Marke

1. Selbstfindung: Wer bin ich?
Wofür will ich stehen? Wer ist meine Zielgruppe? Wen will ich erreichen? Welche meiner Seiten ist mir am wichtigsten? Wie will ich wahrgenommen werden? Was von mir will ich in den Vordergrund rücken? Was ist wichtig im Leben, wofür bewundere ich andere Menschen, wofür will ich selbst bewundert werden? Muss ich an mir arbeiten, bevor ich so auftreten kann, wie ich es gerne würde? Was sind meine Werte? Woran denken Leute, wenn sie an mich denken? Ist das positiv, klar bestimmt? Schreib dir auf, wofür du stehst. Würdest du diese Person mögen?

2. Was ist dein USP?
Dein USP, auch Unique Selling Point, ist dein Alleinstellungsmerkmal. Marilyn Monroe hatte ihren Leberfleck, was ist dein Markenzeichen? Herausragende Expertise, individueller Stil? Auch mal polarisieren – aber nicht jeden Tag. Ein amerikanisches Sprichwort sagt: Wer alle als Kunden haben will, der wird am Ende niemanden als Kunden haben. Dieses Zitat passt in unserer digitalen, globalisierten und schnelllebigen Welt wie die sprichwörtliche Faust aufs Auge.

Auch wenn du denkst, du verschenkst Potenzial: Zwinge dich immer wieder, zunächst in deiner Nische zu wachsen. Werde dort bekannt, connecte dich, influence und komme nicht zu früh auf die Idee, dein Thema auszuweiten. Es wird nicht funktionieren – glaube mir.

Auszug meiner USP's aus meinem Mediakit

3. Löst du ein Problem?
Es ist wichtig, mit deiner Präsenz dem Leben von anderen einen Mehrwert zu liefern. Dich unverzichtbar zu machen. Ich motiviere. Das ist ein Mehrwert für das Leben von anderen. Ich zeige schöne Dinge, biete kleine Auszeiten im Alltag, mit schönen Texten, Buchempfehlungen oder Weekly Vlogs. Was bietest du?

4. Bist du echt?
Glaubwürdigkeit, ein konsistenter Aufbau, Verlässlichkeit, Regelmäßigkeit, Vertrauen, Emotionen: Das sollten deine Eckpfeiler sein. Sympathie und Authentizität stehen im Vordergrund. Agiere, statt zu reagieren. Nimm dich und deine Aufgaben ernst. Sei selbstbewusst! Zeig dich positiv und negativ, aber immer real. Alles, was du tust, wird zu 100 Prozent bewertet und zahlt zu 100 Prozent auf (oder gegen) deine Marke ein. Betrachte alles, was du teilst, als Teil eines Puzzles. Ganz viele kleine winzige Bilder. Du musst dich nie kom-

plett darstellen oder erklären. Denk von dir in super rangezoomten Ausschnitten und übertrag das auf die Teile deiner Persönlichkeit, die du postest. Gutes Self-Branding ist die Kommunikation der eigenen Stärken. Aber auch die Schwächen und die Verletzlichkeit dürfen Platz finden, am besten auf sympathische Weise. Wer sich über die persönliche Marke bewusst ist und daran arbeitet, kann einige Vorteile des Self-Brandings für sich nutzen. Etabliere einen eigenen Schreibstil und Ton und gib dir eine Stimme. Du bist dein eigener Promoter, dein eigener Manager, der Freund, der dich empfiehlt. Sei spannend und rede darüber!

5. Die richtige Online-Strategie
Du musst nicht nur Probleme lösen, einen Mehrwert bieten, klar sein in dem, was du tust, sondern dich auch gut vermarkten können, organisiert und strukturiert sein. Zum Personal Branding gehört, überall den gleichen Nutzernamen zu verwenden, einen passenden Markennamen zu entwickeln, dich an den eigenen Content-Plan zu halten, auch die Kanäle zu nutzen, die einem nicht liegen, und den eigenen Online-Aufbau strategisch voranzutreiben. Ein gutes SEO-Ranking ist essenziell für den Aufbau der eigenen Marke. Was finden Menschen über dich? Trägt das positiv oder negativ zu deiner Marke bei? Es geht nicht darum, was du weißt, sondern, wen du kennst. Falsch. Es geht nicht darum, wen du kennst, sondern darum, wer dich kennt. Und wenn du heutzutage nicht über Google gefunden wirst, ist es eigentlich so, als würdest du nicht existieren.

Die richtige Idee für sich finden

Klingt nach guten Tipps, aber du weißt gar nicht, wie du anfangen sollst, an deiner eigenen Marke zu arbeiten? Es ist normal, zu Beginn den Wald vor lauter Bäumen nicht zu sehen. Deswegen fokussiere dich darauf: Kommuniziere deine Stärke. Kommuniziere auch deine Schwächen, das macht dich nahbar, real. Gib dir Ecken und Kanten. Verbinde deine persönlichen Interessen mit dem Gedanken, was gut ankommen könnte.

»Aber mimimi, meine Idee gibt es schon!«

Na klar, Wettbewerb ist ein gutes Zeichen: Etwas komplett Neues kann auch bedeuten, dass der Markt dafür fehlt. Vielleicht ist also nicht unbedingt neu immer besser (frei nach Barney Stinson), sondern anders besser? Optimiere, verbessere, denke über Dinge nach, die es schon gibt, und überlege, wie du sie noch besser machen könntest, wo du Schwachstellen siehst, welche Komponente dir bei anderen Businessideen fehlt – ohne eine Copycat zu sein. Gib etwas Bestehendem einen neuen Drive. Zack, hast du deine eigene Idee. Die besten Ideen hast du, wenn du aus deiner Routine ausbrichst, was anderes machst. Merk dir: Wir denken dann am besten, wenn wir nicht denken, dass wir denken. Beim Duschen zum Beispiel, beim Laufen oder beim Autofahren.

Ein eigener Stil

Self-Branding als Influencer bedeutet, einen eigenen Schreibstil zu haben und eine ganz bestimmte Fotosprache zu verfolgen. Probiere rum, probiere dich raus, setz dir hohe Ansprüche, werde besser und fokussierter! Instagram ist die wichtigste Influencer-App und heutzutage auch ein hilfreiches Tool zur Ausbildung der eigenen Marke. Was ist deine Farbe? Was ist dein Filter? Deine typische Art, dich zu zeigen?

> *»Zu Beginn hatte ich einen ausgesprochen konservativen Stil. Es lag daran, dass ich damals eine sehr kalte und verschlossene Person war. Das hat sich jedoch grundlegend geändert – und so auch mein Stil. Ich glaube daran, dass das, was wir tragen – und noch wichtiger wie wir es tragen – unsere Persönlichkeit reflektiert, sogar hilft, diese zu entwickeln. Wissen Sie, ich verabscheue es, ein Label aufgedrückt zu bekommen. Ich will nicht ›edgy‹, ›klassisch‹ oder ›minimalistisch‹ sein – ich möchte ich selbst sein.«*[36]
>
> *Mode-Influencerin Doina Ciubanu*

Die Nachteile von Personal Branding

Eine Marke prägt. Vor allem, wenn sie sehr followerabhängig ist wie das Influencer-Dasein. Leute folgen dir aus einem bestimmten Grund. Wenn dein Branding steht, gibt es kein Zurück. Überlege dir genau, wann du dich wie positionierst. Wenn du ankündigst, ab jetzt jeden Sonntag ein Video deiner Woche hochzuladen, musst du das auch machen, da die Follower sonst enttäuscht sind. Wenn du einmal ein Statement machst, musst du dazu stehen. »Warum ich keinen Alkohol mehr trinke« – mir war das beim Posten selbst gar nicht so klar, aber heute, wo das Video 150.000 Klicks hat und so oft kommentiert wurde von Leuten, die mir Unterstützung aussprechen, weiß ich: Daran bin ich jetzt gebunden. Dass ich keine Kooperationen mit Alkoholmarken mache, versteht sich von selbst, aber wenn eine Alkoholmarke, die Wodka vertreibt, mir Festivaltickets anbietet, kann ich die auch nicht mehr annehmen und muss sie absagen, um meine Glaubwürdigkeit zu wahren.

> *»Verantwortlich ist man nicht nur für das, was man tut, sondern auch für das, was man nicht tut.«*
>
> *Laotse*

Wenn du auf deinem Account hauptsächlich Kooperationen mit Discounter-Mode hast, ist es komisch, wenn du außerhalb der gesponserten Bilder mit deiner Gucci-Handtasche durchs Bild springst. Deine Person und das, wofür du wirbst, dürfen nicht in Widerspruch zueinander stehen. Komisch bei mir wären Dating-Apps und Fernsehsendungen, wenn ich meine Beziehung oder ein Leben ohne Fernseher promote.

Ziehe eine Linie für deine Privatsphäre, aber zieh sie genau und unmissverständlich. Auch das gehört zu deinem Markenaufbau. Es ist nichts komischer, als wenn du ein Jahr lang über eine bevorstehende Hochzeit und deine Aufregung schreibst, und sie dann nicht stattfindet. Dann ist es klüger, kurz mitzuteilen, dass sie abgesagt wurde, statt einfach dicht zu machen und plötzlich zu behaupten, eine Hochzeit hätte es nie gegeben. Sei nicht widersprüchlich und überleg dir eher dreimal, was du sagst, wie viel du zeigst und wozu du deine Meinung abgibst.

Produkte einer Marke

Vor allem im Influencer-Geschäft macht es Sinn, eigene Produkte rauszubringen, um die unregelmäßigen Einnahmen durch Kooperationen aufzufangen und das Gefühl zu haben, etwas Eigenes zu schaffen. Geschäftsmodelle, die im Internet funktionieren, sind Informationsprodukte, materielle Dinge und Dienstleistungen. Dabei sind Infoprodukte die mit der größten Gewinnmarge und den wenigsten Herstellungskosten. Nachteil ist natürlich, dass man ein E-Book nicht anfassen kann, was aber im Jahr 2018 und vor allem in einer jungen Zielgruppe kein Hindernis mehr darstellt. Da Infoprodukte am einfachsten zu produzieren sind, habe ich damit angefangen – inzwischen biete ich aber auch Dienstleistungen in Form von Speaking auf Events, Coachings und Motivations-Workshops sowie Social-Media-Beratungen und Influencer Marketing für große Unternehmen an. Wenn du ein Produkt rausbringst, muss es bestenfalls skalierbar sein und Bedürfnisse erfüllen. Diese reichen von physiologischen Bedürfnissen über Sicherheitsbedürfnisse, soziale Bedürfnisse, Individualbedürfnisse bis hin zu Selbstverwirklichung. Jeder Mensch hat diese Bedürfnisse, und wenn die ersten erfüllt sind, macht man sich an die folgenden – bis man irgendwann bei Selbstverwirklichung ankommt.

Es gibt drei Märkte, die den ersten drei und größten Bedürfnissen entsprechen. Gesundheit und Fitness, Business und Beziehungen gehören zu den vier größten Märkten, in denen 80 bis 90 Prozent des Geldes verdient wird.

Warum es mein Leben verändert hat, ein Motivations-E-Book zu schreiben

Ich habe den naiven Gedanken gefasst, ein Buch über Motivation zu schreiben. Ich bin ein Mensch mit einer intrinsischen Motivation und einem Hang zu neuen Perspektiven, Optimismus und einer positiven Einstellung – aber erst, als ich anfing mit dem Schreiben, beschäftigte ich mich aktiv mit dem Thema. Ich wusste am Anfang, dass ich motiviert bin – und zwei Monate später wusste ich ganz genau, warum. Ich habe 30 Bücher gelesen, ich habe nächtelang YouTube-Videos von Vera Birkenbihl und anderen angesehen und in diesen zwei Monaten mehr gelernt als in den vier Jahren davor. Ich habe für meine Selbstständigkeit nur noch das Nötigste gemacht und in der Zeit meine Werkstudentin eingestellt, damit sie den Rest übernimmt – so konnte ich mich Tag und Nacht mit dem Aufsaugen von Wissen beschäftigen.

Bevor du dich an die Umsetzung machst: Fasse für dich selbst vor dem Spiegel in 59 Sekunden zusammen, was dein Produkt für einen Mehrwert liefern will, für wen es ist und warum es das Beste ist, was du gerade mit deiner Zeit anfangen kannst. Ein eigenes Produkt rauszubringen fordert dich, fördert dich und lässt dich am Ende stolz auf das alles zurückblicken. Mach niemals zwei Produkte gleichzeitig, sondern warte mindestens sechs Monate, damit der Gewinn sich nicht aufspaltet.

Konkurrenzkampf und Netzwerke

Es lässt sich also feststellen, dass neben Persönlichkeit (vgl. Firnkes, 2012, S. 352) der meiste Erfolg durch Vernetzungen zustande kommen kann, was den fehlenden Konkurrenzkampf und die Affinität von Bloggern zu Zusammenschlüssen begründet und auf die Netzwerk-Thematik hinleitet.

Die Theorie der »Opinion Leader« spaltet dabei in der Blogosphäre die normalen Blogger von den Meinungsführern. Schuld an dieser ungleichen Aufmerksamkeitsverteilung sind die inhärenten Merkmale des Web und der Blogs, die eine »ungleiche Verteilung von Aufmerksamkeit, Macht und Wissen befördern und damit einer sehr kleinen Elite von Webloggern – der A-List – ermöglichen, die größte Aufmerksamkeit auf sich zu ziehen«. (Brinning, 2008, S. 107) Diese ungleiche Verteilung der Aufmerksamkeit erklärt die Theorie des »Power Law«. Danach haben sehr wenige sehr viel Macht, während sehr viele sehr wenig Macht haben und den sogenannten »Long Tail« bilden (siehe nächste Seite) Schmidt bezeichnet diese unterschiedlich starke Vernetzung im Social Web über wenige zentrale Knotenpunkte als das »The rich get richer«-Phänomen (vgl. 2011, S. 60).

Diese Machtverteilung bedeutet, »zentrale Akteure, beispielsweise die Autoren besonders populärer Weblogs oder Twitter-Nutzer mit einer hohen Anzahl Followern, können mit ihrem eigenen Nutzungsverhalten (inklusive möglicher öffentlicher Reflexionen darüber) einen größeren Personenkreis beeinflussen als Nutzer in peripheren Positionen«. (Schmidt, 2011, S. 54f.) Das Ungleichgewicht aus diesem Umstand und den Theorien von Opinion Leader und Power Law machen sich Netzwerke zunutze, um den Monopolgedanken zu verstärken und Reichweite und Erfolg weiter auszubauen.

Aristoteles dachte: »*Das Ganze ist größer als die Summe seiner Teile*«, aber gilt das auch für den Zusammenschluss von Blogs? »Viel Traffic erzeugt Cross-Traffic. Gemeinsam wurden wir schneller bekannt und das Bloggen ein Business«, beschreibt Elin Kling, schwedische Bloggerin der ersten Stunde und Mitbegründerin des Blog-Netzwerkes Now Manifest, die Tendenz. »Es ist eine Win-win-Situation für beide Seiten, denn ein Blog mit vielen Lesern hat viel Macht.« (Journelles, 10. Dezember 2012) Oder sind Blogs in Netzwerken einzeln doch schlagkräftiger, weil unabhängiger, meinungsfreier und authentischer? Immerhin haben sich gemeinsame Blogvereinigungen trotz unzähliger Versuche nicht durchsetzen können. Das habe ich in meiner wissenschaftlichen Arbeit von 2014 eingängig untersucht.

Schlüsselerkenntnis war, dass Netzwerke für Blogger nur Vorteile zu bringen scheinen: Sie gewinnen nicht nur Reichweite, Öffentlichkeit, Aufmerksamkeit und neue Leser, sondern auch die Möglichkeit auf neue Projekte und Kooperationen. Für Leser bieten Blog-Netzwerke jedoch mehr Nachteile als Vorteile. Der Verlust der Individualität, Eigenständigkeit und Persönlichkeit eines Blogs kann aufgrund der Ergebnisse als wichtiger Aspekt für die fehlende Annahme von Blog-Netzwerken unter Lesern gesehen werden. »Blogs leben vom Individuellen, vom Persönlichen, von der Ich-mach-hier-mein-Ding-Attitüde.«[37] »Zu viele unterschiedliche Persönlichkeiten sollten kein gemeinsames Werk, sondern ein eigenes kreieren«, formulierte ein Teilnehmer, während ein anderer zusammenfasste, dass solch ein Zusammenschluss nicht funktionieren kann, »ohne sich selbst und seine Vorstellungen zumindest zum Teil aufzugeben«.

Netzwerke nehmen dem Leser die Entscheidung ab, über welchen Zugang er auf einen Blog zugreift und welche Blogs er angezeigt bekommt. »Knappe Ressource der Rezipienten ist die Zeit, die sie für ein bestimmtes Medium zur Verfügung stellen, und damit insbesondere deren Aufmerksamkeit« (Fischer, 2010, S. 199). In diese knappe Ressource wird durch Netzwerke eingegriffen. Es findet eine Selektion statt, die der Leser nicht selbst vornehmen kann, sondern hinnehmen muss. Das macht Zusammenschlüsse schwierig, »da man ja nicht jeden Menschen auf der Welt sympathisch findet«, wie ein Teilnehmer zusammenfasst.

Für Blogger sind Netzwerke zweifelsfrei ein Upgrade: Wo sonst wird einem »immer – ohne irgendein Entgelt zu erwarten – mit Rat und Tat zur Seite« gestanden (Firnkes, 2012, S. 154), weswegen sich auch erklären lässt, dass der größte Teil der Blogger einem Netzwerk beitreten würde. »Einer solchen Solidarität im privaten, aber eben auch geschäftlichen Bereich bin ich andernorts bislang noch nicht begegnet. Wo sonst wäre es möglich, dass zwei konkurrierende Portale beziehungsweise Unternehmen sich gegenseitig empfehlen, aufeinander verlinken, sich freuen, wenn der andere Besucher über das eigene Portal erhält?« (Firnkes, 2012, S. 154).

Blogs in Netzwerken büßen an Glaubwürdigkeit ein, da zutage tritt, dass hier ein Zusammenschluss zur Reichweitenoptimierung, also Gewinnmaximierung, stattgefunden hat, wie ein Teilnehmer schrieb: »Die Wahrscheinlichkeit, dass jemand damit dann zusätzlich Profit macht, finde ich nicht so toll« (siehe Anhang S. 74). »Verbraucher sind misstrauisch und schalten bei allem ab, was wie getarnte Werbung wirkt« (Huber, 2013, S. 204), oder, wie Wolff zusammenfasst: »Wer schaut schon freiwillig Werbung?« (2006, S. 95).

Wie geht es also weiter mit Blog-Netzwerken? Hierzu eine Einschätzung zu treffen, gestaltet sich schwierig, da die vorran gingen Anforderungen von Bloggern und Lesern weiterhin in direktem Gegensatz verbleiben werden und hohe Reichweite beziehungsweise. Vermarktung mit Persönlichkeit und Authentizität nicht vereinbar scheinen. Neue Konzepte und Perspektiven sind gefragt, um die Nachteile aus Lesersicht zu relativieren und die Wahrnehmungen anzugleichen.

Diese zweiseitige Wahrnehmung von Netzwerken brachte Medienmogul Rupert Murdoch prägnant auf den Punkt: »*Monopole sind schrecklich. Bis man selbst eines hat.*«[38]

9. Selbstständigkeit

Influencer ist ein selbstständiger Beruf, der viele Vorteile, Tücken und neue Abläufe mit sich bringt. Es bietet sich für das korrekte Angeben von Samples, Geschenken und möglichen Kooperationen definitiv an, sich mit seinem Blog und Social-Media-Kanälen selbstständig zu machen, egal ob hauptberuflich oder erst einmal für eine Weile neben dem Vollzeitjob. Hier findest du alles, was du dazu wissen musst.

Die Basics

Gewerbe anmelden: Wenn du Geld mit deinem Kanal verdienen willst, brauchst du vorher eine Anmeldung deiner Selbstständigkeit bei deinem Finanz- oder Gewerbeamt. Je nachdem, wie du dich bezeichnest und welche Tätigkeiten du ausübst, reicht dafür eine Anmeldung beim Finanzamt und eine Steuernummer, es kann aber auch sein, dass du einen Gewerbeschein brauchst. Während ein freiberuflicher Journalist oder ein freier Berater keinen Gewerbeschein benötigt, brauchen Fotografen und Onlineshop-Besitzer sehr wohl einen. Wende dich am besten an das zuständige Finanzamt und erkundige dich.

Rechnung: Du hast so etwas noch nie gemacht? Kein Problem, Rechnungen zu schreiben ist keine Hexerei. Vermeide es aber, deinen Auftraggeber zu fragen, wie du deine Rechnung schreiben sollst, das wirkt nicht sehr professionell. In eine Rechnung gehören deine Adresse und die Adresse des Empfängers, ein Bereich mit deinen Kontaktdaten und Bankdaten, ein Datum, ein Leistungszeitraum, deine Steuernummer und die Umsatzsteuer-ID für internationale

Transaktionen, eine bestenfalls fortlaufende Rechnungsnummer. Schreib hinein, wofür die Rechnung ist, und den Rechnungsbetrag in netto und brutto. Falls du von der Umsatzsteuererhebung befreit bist, weil du noch als Kleinunternehmer agierst, muss auch dieser Paragraf mit auf die Rechnung: »Gemäß § 19 UStG enthält der Rechnungsbetrag keine Umsatzsteuer.«

Finanzen: Auch wenn niemand sich das anmerken lässt, ist Bloggen und Influencer ein Beruf, bei dem du, wie in jeder anderen Selbstständigkeit auch, knallhart kalkulieren musst. Faustregel in der Selbstständigkeit: Verdiene doppelt so viel, wie du mindestens brauchst, dann kannst du minus Steuern gerade gut davon leben.

Steuern: Für die Abgabe der monatlichen oder jährlichen Steuererklärung und eventuell der Umsatzsteuervoranmeldungen kann ich dir nur raten, dir einen kompetenten, bestenfalls jungen Steuerberater zu suchen, der deine Arbeit versteht und dir helfen kann. Ich habe einen guten Berater, der sich mit dem Bloggen auskennt. So kann er mir immer helfen, zum Beispiel bei der Frage, wie ich Reisen und technische Anschaffungen bei der Steuer geltend machen kann und welche Belege er von mir braucht. Wenn man von Instagram oder dem Bloggen lebt, verschwimmen beruflich und privat. Da man durchgehend Content produziert oder Kooperationen umsetzt, kann man Reisen teilweise absetzen. Dieses Wissen ist für mich Gold wert.

Meine Vorarbeit ist natürlich trotzdem da: Jedes Mal, wenn ich eine Rechnung bezahlt bekomme beziehungsweise etwas bezahle, drucke ich den Beleg direkt aus und packe ihn in einen Ordner, der auf meinem Schreibtisch liegt. So muss ich nicht monatlich, quartalsmäßig oder jährlich alles zusammenkratzen – es ist alles direkt geordnet gedruckt. Außerdem klebe ich monatlich alle Quittungen, zum Beispiel von Taxifahrten, auf und notiere daneben, warum ich das Taxi genommen habe (Fahrt zu einem Blogger-Event, Fahrt zum Flughafen für eine Pressereise). Zudem führe ich eine Excel-Tabelle, in die alle beruflichen Einnahmen und Ausgaben noch mal als Übersicht kommen und die in feste Bereiche eingeteilt ist – so kann ich am Ende eines Jahre sehen, wie viel Geld ich für Mitarbeiter, Arbeitsmaterialien oder Produktionen ausgegeben habe.

Verschieben unter welche Steuern du zahlen willst

Welche Steuern du bezahlen musst

Je nach Umsatz muss man Steuern abgeben. Steuern, die man als Arbeitnehmer gar nicht sieht, weil sie höchstens auf der Lohnabrechnung auftauchen, werden Selbstständigen vom Auftraggeber auf's Konto gezahlt, und wir müssen selbst handeln, immer einen gewissen Betrag sparen, um am Ende des Jahres davon die Steuern zurückzahlen zu können.

1. Umsatzsteuer, auch Mehrwertsteuer genannt. Diese Steuer musst du abführen, wenn du als Unternehmer und nicht mehr als Kleinunternehmer agierst, also dann, wenn du die 19 Prozent Mehrwertsteuer auf deinen Rechnungen ausweist. Das musst du ab einem Jahresumsatz über 17.500 Euro im Vorjahr, wenn deine Einnahmen die 50.000 Euro in diesem Jahr voraussichtlich übersteigen. Ab einem gewissen Umsatz können auch monatliche Umsatzsteuervorauszahlungen ein Thema werden, hier hilft dir am besten dein Steuerberater.
2. Gewerbesteuer. Muss nicht jeder zahlen, sondern nur Leute, die ein Gewerbe angemeldet haben. Aber auch hier gibt es Untergrenzen: Wenn du den jährlichen Freibetrag von 24.500 Euro nicht übersteigst, bist du von der Gewerbesteuer befreit.
3. Einkommenssteuer. Muss jeder zahlen. Je nachdem, wie hoch das Einkommen ist, können das schon über 40 Prozent werden. Es lohnt sich also immer, monatlich nach Umsatzsteuerberechnung einen weiteren Teil der Einnahmen für die Einkommenssteuer wegzulegen. Eine Faustregel ist hier: Jeder dritte und fünfte Euro wird weggelegt.

Wie versteuert man Geschenke?

Wenn du mit deinen Postings Mehrwert lieferst und eine Nische bedienst, werden irgendwann Produzenten und Marken dieser Nische auf dich aufmerksam, um dich für Produkttests oder Samples anzuschreiben. Klar, Geschenke klingen super! Abgesehen davon, dass man von Geschenken seine Miete nicht bezahlen kann, sind das aber vor allem Sachgegenstände, die in euer Eigentum übergehen und damit versteuert werden müssen. Diese Produkte werden als Sachbezug oder geldwerter Vorteil bezeichnet. Hier kann man gemeinsam mit dem Steuerberater eine monatliche Pauschale festsetzen, die Sinn macht, oder man muss sich von jedem einzelnen Gifting nachträglich eine Rechnung zusenden lassen.

Versicherungen: Noch so ein unsexy Thema, das man in keiner Selbstständigkeit vergessen sollte: die richtige Absicherung. In Deutschland besteht eine Krankenversicherungspflicht, hier kann man sich überlegen, ob die KSK, eine normale gesetzliche oder eine private Versicherung für das aktuelle Einkommen und die Bedürfnisse die größten Vorteile bietet. Außerdem macht es mit Sicherheit Sinn, sich in beruflicher Hinsicht mit folgenden Versicherungen zu beschäftigen:

1. Arbeitsunfähigkeitsversicherung
2. Rentenversicherung (falls nicht bereits durch die KSK abgedeckt)
3. Pflegeversicherung (falls nicht bereits durch die KSK abgedeckt)
4. Arbeitslosenversicherung
5. Berufshaftpflicht

Wie du deine Selbstständigkeit beginnst

Vom Scheitern und Zweifeln in der Selbstständigkeit und davon, sich mehr zu entspannen: Tagebucheintrag vom 25. Januar 2017:

»Ich bereite mich auf einen Marathon vor, der heute in drei Monaten stattfindet, und pendle nebenbei zwischen zwei Wohnungen. Ich ziehe um, keine von beiden ist fertig. Die eine will ich entrümpeln und loswerden, die andere einrichten und schön machen, aber auf keins von beidem kann ich mich konzentrieren, weil ich immer genau an das andere denke und mir die Marathonvorbereitung im Nacken sitzt. Eigentlich macht es mir Spaß, mir meine Woche vollzupacken. Deadlines zu haben und wie bis vor Kurzem in jeder freien Minute an meinem E-Book zu schreiben. Außerdem möchte ich Wirtschaftspsychologie studieren und will mich an einer privaten Uni anmelden.
Andere Freunde beglückwünschen mich dafür, dass ich nicht nur erzähle, sondern einfach mache, dass ich Dinge geschafft bekomme, ein Magazin online bringen, ein E-Book veröffentlichen, Marathon, Umzug, Wohnung, Wohnung, Magazin, Blog, YouTube, E-Book-Videos. Prüfung der Fitnesstrainer-Lizenz, Installation vom neuen Shop mit Kreditkarte und Überweisung, tolle Eventeinladungen und viele, viele Mails. Wenn ich ein Treffen mal wieder absage, ›weil der Januar crazy ist und ich es diesmal wirklich einfach nicht schaffe, aber nächstes Mal bestimmt‹, kann ich selbst kaum glauben, was ich da sage. ›Ja, ja, so ist das eben, wenn man selbstständig ist‹, kriege ich zur Antwort und frage mich: Echt jetzt? Ist das so?
Ich habe gemerkt, dass alles gleichzeitig zu wollen nicht so einfach ist. Dass es schwierig ist, tolle Kooperationen umzusetzen und nebenbei noch schönen Content zu produzieren, wenn man eine vollgerümpelte Wohnung hat, die ausgemistet, geputzt und sauber übergeben werden will. Dass man eigentlich tolle Texte für sein neues Magazin schreiben wollte, über Trump, Influencer, parasoziale Beziehungen, aber dass es nicht so leicht ist, sich zu konzentrieren, wenn man diese Wohnung, einen Marathon und vieles andere im Kopf hat.

Ich glaube, dieser Januar hat mich vor allem gelehrt, dass auch mein Tag nur 24 Stunden hat (ich wollte gerade ernsthaft 48 schreiben – Freud lässt grüßen) und dass gute Arbeit Konzentration braucht. Egal, ob es um einen Blog ging, eine Kolumne für Zielstreberin, einen Freitagstext für luiseliebt, ein Weekly Post, ich habe nur noch das Gefühl gehabt, alles schnell-schnell zu machen. So wie jemand, der aufräumt, wenn es schon an der Tür geklingelt hat.
Selbstständig sein ist super, es kann sehr angenehm und unabhängig sein, aber es ist definitiv mehr als ›ausschlafen und den Tag im Pyjama auf der Couch verbringen‹. Ich habe Leidenschaft für alles, was ich tue, nur geht die verloren, wenn ich das Gefühl habe, abliefern zu müssen, ohne Zeit zu haben. Nichts soll stillstehen. Überall soll etwas passieren. Content ist King, sagt man doch, oder? Ich muss mich frei machen vom Zwang, abliefern zu müssen. Bloggen, YouTube ist mein Job – aber manchmal gibt es halt nur sechs, acht, zehn Postings insgesamt auf diesen Kanälen im Monat. Dann ist das auch okay so. Eins nach dem anderen. In meiner eigenen Menge. Und meinem eigenen Tempo. Trotz Druck im Nacken. Also schreibe ich mir Mantras meiner Selbstständigkeit und Erkenntnisse, die mir spontan einfallen, auf.«

Mantras

- Heute ist der erste Tag vom Rest deines Lebens.
- Behandle die Menschen nicht so, wie sie sind, sondern so, wie sie sein könnten.
- Jedes Problem ist eine nicht getroffene Entscheidung.
- Gute Arbeit braucht Zeit.
- Ideen sind nichts.
- Never check mails in the morning.
- Checking mails is not working.
- Aktiv und produzierend in den Tag starten, nachmittags reaktiv sein.

- Gewohnheiten angewöhnen.
- Nur eine Sache gleichzeitig machen.
- Kein Multitasking, lieber einzelne Aufgaben schnell und nacheinander.
- Eine Botschaft kommt nur an, wenn sie spannend ist.
- Stell gute Fragen, dann bekommst du gute Antworten.
- Nimm in der Kommunikation das Tempo raus.
- Glaub an dich.

Zeit hat man nicht, Zeit nimmt man sich

Eine Sache, die auch für Freundschaften, für wichtige Aufgaben und gute Taten gilt: Zeit hat man nicht, Zeit nimmt man sich. Man sagt, um in einer Sache richtig gut zu sein, braucht man kein Talent – man muss sie einfach nur 10.000 Stunden tun. Bestes Beispiel sind Steve Jobs und Bill Gates, die schon über 10.000 Stunden Erfahrung im Programmieren hatten, als Computer in Serie gingen, oder die Beatles, die 10.000 Stunden unbezahlt in Bars auf der Großen Freiheit gespielt haben, bevor sie entdeckt wurden.[39] Es scheint utopisch, sich 10.000 Stunden Zeit für Social Media nehmen zu können. Denn wann ist man dann richtig gut, in fünf Jahren? Oder in zehn?

Auf 10.000 Stunden kommt man, wenn man 417 Tage rund um die Uhr an einer Sache arbeitet. Da ein Jahr ohne Schlaf semi-cool ist, müsste man das mindestens auf das Drei- bis Sechsfache dieser Zeitspanne verteilen. Auf 10.000 Stunden komme ich also, wenn ich 1.251 Tage acht Stunden täglich »übe« oder aber 2.502 Tage vier Stunden täglich. Da Social Media, im Gegensatz zu anderen Jobs und Tätigkeiten, auch am Wochenende stattfindet und ich seit einigen Jahren mich zwischen vier und acht Stunden, sieben Tage die Woche, damit beschäftige, finde ich eine Zeitspanne von 1.251 bis 2.502 Tagen, um auf 10.000 Stunden zu kommen, realistisch. Das sind 3,4 bis 6,8 Jahre. Ich benutze Social Media intuitiv seit meinem 14. Lebensjahr, beschäftige mich seit 2010 auch beruflich damit – ich würde also sagen, tatsächlich bin ich längst über 20.000 Stunden hinaus.

Das scheint utopisch zu sein, und tatsächlich kann man die Faustregel der 10.000 Stunden nicht auf alles anwenden, aber sie verdeutlicht eins: Wenn man etwas will, wenn man in etwas gut werden will, muss man sich Zeit dafür nehmen. Manchmal mehrere Jahre, bevor man damit Erfolge und Durchbruch verzeichnen kann.

Dinge umsonst machen

Sei dir nicht zu schade, am Anfang Angebote anzunehmen, die vielleicht nicht lukrativ sind. Klar kann man davon seine Wohnung nicht bezahlen, aber wie willst du sonst Erfahrungen sammeln und richtig gut werden? Sieh es als Learning, als Testläufe. Probiere dich aus und lerne dazu.

Am 6. April stand ich das erste Mal in meiner Tätigkeit als Social-Media-Berater auf einer Bühne vor 400 Leuten. Ich bekam kein Honorar, ich sprach zum ersten Mal in ein Mikrofon und dann direkt vor so vielen Leuten. Keine Aufregung, kein Lampenfieber, ich fand mich ziemlich souverän. Auch wenn ich das Gefühl hatte, das durchschnittlich 55-jährige Publikum mit einem Gespräch über Snapchat und Co. nicht wirklich zu erreichen, bekam ich viel positives Feedback, unzählige Visitenkarten zugesteckt, wurde nach Angeboten befragt und abends noch angemailt. Es lohnt sich, am Anfang der eigenen Selbstständigkeit unbezahlte Wege zu gehen, sein Profil und sein Können damit zu schärfen, vor allem, wenn es Folgeaufträge bescheren kann.

Wenn etwas nicht funktioniert, ändere dein Konzept

Einmal losgefahren, ist es für viele schwer, den Kurs zu ändern, hat man doch schon so viel Kraft, Geld oder Zeit investiert. Vielleicht, weil wir in Deutschland keine Kultur des Scheiterns haben. Rolf Dobelli nennt das »Sunk Cost Fallacy«.[40] Es ist der Grund, warum wir Filme zu Ende sehen, obwohl wir sie von Anfang an schlecht finden – wir wollen nicht mit etwas aufhören, was wir angefangen haben. Warum eigentlich? Wäre es nicht klüger abzubrechen, wenn man erkennt, dass man seine Zeit verschwendet? Deswegen der Rat: Ignorier alles, was du investiert hast, konzentrier dich nur auf die Zukunft und darauf, und was noch daraus werden könnte, und bewerte dann neu. Die Spice Girls haben schon gesungen: »If you want my future, forget my past.« Nicht jeder Schritt bringt deine Karriere voran. Manchmal trifft man gute Entscheidungen, manchmal nicht. So ist das Leben.

> *»Es klingt vielleicht absurd, aber ich bin sehr gestärkt aus dieser Situation herausgegangen, nicht geschwächt. Das sehe ich auch an Jobangeboten, Speaker-Anfragen etc. – ich habe fast das Gefühl, mein Marktwert hat sich eher noch gesteigert als verringert. Ich nehme es nicht als Scheitern an. Ich sehe es wirklich als massive Erfahrung, die mich einfach so unglaublich viel weitergebracht hat.«*[41]
>
> *Franziska von Hardenberg über das Scheitern ihres Start-ups Bloomy Days*

Wenn man sich selbstständig macht und eine Marke aufbaut, muss man etwas produzieren, erschaffen oder sich ausdenken, das sich langfristig verkaufen lässt. Um dieses Etwas zu erschaffen – sei es eine App, ein echtes Produkt, das in Online-Warenkörbe gelegt und verschickt wird, oder eine Online-Dienstleistung, das Instagram-Business, die Fotos, die Blogtexte – muss man vorher eins haben: Zeit. Nur bezahlt sich Miete nicht von selbst. Und alles andere auch nicht. Also muss man entweder hart ackern und sparen, um ein paar Monate oder Jahre davon zu leben, oder aber weiterhin, neben seiner Tüftelphase, in Teilzeit etwas anderes arbeiten.

Ich würde definitiv jedem empfehlen, nicht in Teilzeit angestellt zu bleiben, sondern sich mit anderen Jobs aufzustocken, die zur Branche dazugehören. So muss man nicht zwischen A und B hin- und herhetzen, sondern ist einfach nur eins: selbstständig. Ich habe

Facebook-Accounts für Unternehmen geführt, die ich einfach so anschrieb, genauso wie ich das bei Hamburger Agenturen machte, sie nach möglichen Engpässen befragte und meine Hilfe anbot. Mein Metier war Facebook: Content Management, also Posts ausdenken, und Community Management, also den Account führen und auf Nachrichten, Kommentare und Beiträge antworten und Werbeanzeigen schalten. All das konnte ich genauso von zu Hause machen wie das Bloggen und Influencen. Ich teilte mir meine Zeit jeden Morgen ein, wägte Wichtigkeiten ab und versuchte, allem gerecht zu werden, um meine noch kostenlose Arbeit durch bezahlte Arbeiten zu unterstützen.

Und falls du dir jetzt denkst: Wozu noch etwas anderes machen, wieso nicht gleich Vollgas loslegen? – Falls deine Miete nicht von deinen Eltern bezahlt wird und deine Followerzahl nicht so exponentiell steigt wie die von Caro Daur, hast du keine andere Wahl. Das erfordert viel Planung und Geschick, kann sich auf lange Sicht aber auszahlen. Falls du dich entscheidest, zusätzlich zu deinem neuen Influencer-Job eine Weile als Freelancer für verschiedene Firmen tätig zu sein, empfehle ich dir unbedingt, deine Stunden mit einer Software wie Toggl zu tracken. Jeden Kunden als neues Projekt anzulegen und das, was du machst (Community-Management, Werbeanzeigen erstellen) jeweils zeitlich festhalten. So kannst du am Ende jedes Monats eine PDF exportieren, die exakt auflistet, an welchen Tagen und zu welchen Minuten du was für das Unternehmen geleistet hast, statt einfach nur zehn Stunden in Rechnung zu stellen. Auch hier gilt wie bei allem anderen: Geh die Extrameile! Mach es angenehm, mit dir zusammenzuarbeiten, liefere Ergebnisse und Aufstellungen, bevor danach gefragt wird, und versuch, dein Handeln zu erklären, bevor jemand sich danach erkundigt.

Erst ist zu wenig los – und dann überschätzt du dich. Ich denke, so fängt jede Selbstständigkeit an. In der ersten Phase war ich glücklicherweise nicht sehr lange – nur ein Monat verging ohne Einnahmen. Schon ab Monat zwei hatte ich drei oder vier Anfragen. Irgendwie ergab sich alles einfach so. Die Einnahmen waren nicht zufriedenstellend, was vor allem daran lag, dass ich weniger verlangte, als ich wert war. Aber ich denke, das geht jedem Selbstständigen zu Beginn so. Ich war unsicher, ich traute mich nicht, die Preise, die ich im Kopf hatte, durchzusetzen, und stotterte stattdessen bei Verhandlungen irgendetwas anderes. Ein »Ach, so wenig? Na, das ist ja schön!« meines Gegenübers zeigte mir, dass ich wohl weit mehr als 30 Euro für eine Social-Media-Stunde nehmen konnte.

Aber ich tat es erst mal nicht, und so arbeitete ich sicher zwei oder drei Monate eher der Aufträge und nicht des Geldes wegen. Unternehmerisch keine Höchstleistungen, aber ich wiegte mich in den Schlaf mit der Zuversicht, dass ich zumindest am Ende des Monats Rechnungen würde schreiben können. Dass ich zumindest überhaupt Aufträge hatte. Irgendwann würde ich meine Leistung schon noch teurer machen. Bei neuen Auftraggebern dann.

Der April 2016 fing an, und zu Beginn des Monats öffnete ich wie immer mein Steuerdokument und trug alle potenziellen Jobs, Aufträge und Einkünfte ein. Und merkte: Das ist zu viel. Wenn ich diesen Monat durchziehe, ist der höchste bisherige Umsatz drin. Was ich aber nicht so ganz bedachte: Ein Tag hat nur 24 Stunden, wovon man auch so zwei bis drei für schlafen, essen und leben braucht. Meine potenziell geplanten Einnahmen bedeuteten im April theoretisch über 200 Stunden bezahlte Arbeit, also Beratungen, Content-Erstellung etc. Macht 50 Stunden die Woche. Nicht drin in dieser Stundenzahl: Mails beantworten, Blogposts schreiben, YouTube-Videos drehen und schneiden, Social Media, Planung, Hausarbeit, Sport, durch die Stadt zu den verschiedenen Terminen gondeln, an meinem Business arbeiten und mich mit meinem Hund beschäftigen. Ich sagte also am 5. April zwei Aufträge ab, was mich viel Geld kostete, aber mir Schlaf und Freiheit für die unbezahlten Arbeiten bescherte. Außerdem lernte ich, umzudenken – ich sah in abgesagten Angeboten nicht mehr das Geld, das ich verlor, sondern vielmehr die Zeit, die ich gewann. Und ich versuchte nicht, von einem möglichen Umsatz zu subtrahieren, sondern ging von einem Mindestverdienst aus und freute mich dann, wenn ich mehr schaffte. Ich verlangte bei manchen

Auftraggebern schon mehr, generell aber trotzdem unter Durchschnitt. Fand ich okay. Den April hätte man Testmonat nennen können, und manchmal, wenn ich eine hohe Rechnung abschickte oder mich mit Redbull eindeckte, um die ganze Nacht über meinem Posteingang brüten zu können, fühlte ich mich wie eine Zwölfjährige, die bloß Erwachsensein spielt.

Zeit wertvoll machen

Wenn man mehr Angebote bekommt, als man annehmen kann, stellt einen das vor eine harte Aufgabe: Selektion. Ein Manager würde sich wahrscheinlich auf die Aufträge beschränken, die die meiste Kohle bringen, aber ich wollte kein Manager sein. Ich sah mich als Lehrling. Deswegen fragte ich mich: Welche Aufträge bringen mich als Freelancer und Influencer weiter? Was bildet mich weiter, was hat viel Entwicklungspotenzial? Welche Kundenkontakte sind Gold wert? Was macht mir am meisten Spaß und was würde ich nur des Geldes wegen tun? Nach diesen Kriterien sortierte ich meine Jobs. Den Agentur-Job beschloss ich zu behalten, weil ich dort nebenbei mitkriegte, wie mit Kunden umgegangen wurde, welches Bild oder Video warum in Social Media viral ging und wie diese Ideen zustande kamen. All das konnte ich auf meine eigenen Postings als Influencer übertragen. Ich lernte von den Besten, und da die Bezahlung gut war, nahm ich weiterhin ein paar Tage im Monat Aufträge von dort an. Den mit Abstand am schlechtbezahltesten Auftrag einer Versicherungsmaklerin, bei der ich mich nicht getraut hatte, einen vernünftigen Preis zu nennen, weil sie so nett war, behielt ich ebenso. Die Arbeit mit ihr machte mir echt Spaß, sie war locker und ich sah viel Potenzial, etwas zu lernen.

Zeitmanagement

Um zu tracken, wie produktiv man ist, ist eine typische Arbeitsmethode, sich einen ganzen Tag für alle sechs Minuten einen Timer zu stellen und immer genau dann aufzuschreiben, was man gerade macht. Da ist dann natürlich viel Mist dabei. Ich bin aber auch kein Freund davon, sein ganzes Leben durchzustrukturieren. Frag dich bei allem, was du tust, einfach: Ist das das Beste, was ich gerade mit meiner Zeit anfangen kann? Gibt es etwas Wichtigeres, was ich gerade tun sollte?

Plane immer weniger, als du theoretisch schaffen würdest, und lass Platz für Unerwartetes. Plane nicht für jede Stunde am Tag eine Aufgabe, die genau eine Stunde dauert, lass dir und deinem Kopf mehr Freiheiten. Mein Zeitmanagement funktioniert am besten, wenn ich nichts plane oder aufschreibe. Das gilt in deiner To-do-Liste und in deinem Budget. Plane weder deine Aufgaben noch deine Einnahmen knapp auf Kante. Lass in deinem Zeitmanagement jeden Tag Platz, schaff dir Freiraum.

Ich schreibe mir für jeden Tag die drei oder vier Sachen auf, die dringend erledigt werden müssen, ohne die ich einfach keinen Feierabend machen kann. Zusätzlich habe ich jeden Tag ein bis drei Termine. Unterhalb von diesen unerlässlichen Dingen ist dann Platz für alle »nice to have«-Aufgaben. Wäre schön, wenn die noch geschafft werden, aber wenn nicht ist es auch kein Beinbruch. Die gehe ich meistens noch lieber an als die wichtigen, weil ich weiß, dass von denen an dem Tag nichts abhängt, dass ich sie noch einmal neu versuchen kann, wenn sie nichts werden. So nehme ich mir den Druck, dass Bilder beim ersten Versuch sitzen müssen, weil an manchen Tagen die Haare nicht sitzen, es in Hamburg gar nicht hell wird oder ich mich nicht wohlfühle. Indem ich so weise vorausplane, habe ich dann immer Spielraum, nur an Tagen zu fotografieren, an denen alles passt.

Weg mit psychischem Stress!

Es hilft enorm, sich nicht mehr Stress zu machen als nötig. Das schließt auch visuellen Stress mit ein, weswegen ich meinen Arbeitsplatz so minimalistisch wie möglich halte, um meine Augen und Gedanken nicht zu überfordern. Jede nicht bearbeitete Aufgabe, jedes nicht weggeheftete Blatt im Hinterkopf kostet Kraft und Ressourcen, deswegen sind mein Desktop, Kalender und Schreibtisch leer.

Unordnung, unbeantwortete Briefe, Dreck und zu viele unklare To-dos haben mich immer unter Anspannung gesetzt, unruhig gemacht und ich habe nachts schlecht geschlafen. Ich schlafe tatsächlich besser, wenn alles picobello geordnet ist, in meinem Mail-Postfach, auf meinem Schreibtisch, in meiner Selbstständigkeit und meiner Wohnung. Und damit meine ich nicht nur, dass mal Wäsche rumliegt oder Teller in der Spüle stehen, sondern auch das bedrückende Gefühl ganz tief im Hinterkopf, dass morgen zwei neue Mahnungen aus dem Briefkasten gefischt werden könnten. Dass man irgendetwas vergessen hat zu versichern, zu bezahlen, zu kündigen oder zu regeln. Diese Art von psychischem Stress killt jede kreative Zelle. Gib niemand anderem die Schuld – nur du selbst bist verantwortlich.

Mein »Tunnel« und warum ich nicht gerne telefoniere

Selbstständig sein kann hart sein, wenn man die Aufmerksamkeitsspanne eines Goldfischs hat, von zu Hause arbeitet und sich gerne mal ablenken lässt. Wäsche muss noch gewaschen werden, drei neue Bücher sind angekommen, das Wetter ist so schön, mit Anna habe ich mich lange nicht mehr getroffen, meine Mutter ruft gerade an. Stopp! Plane ein paar Stunden für Freizeitaktivitäten ein, aber setz dir auch andere Fristen, in denen du nichts machst als die eine Aufgabe, an der du gerade arbeitest. Und wenn dann das Telefon klingelt, dann ignorier es oder informiere kurz darüber, dass du später zurückrufst. Nichts ist nerviger, als abgelenkt zu werden, wenn man gerade richtig gut drin ist. Mit meinem Freund habe ich es zum Beispiel so vereinbart, dass ich in meinen kreativen Momenten seine Anrufe oder sein Ansprechen mit »Tunnel!« beantworte. Bedeutet: Ich bin gerade im Tunnel. Ich sehe nichts außer der Aufgabe, die ich hier vor mir habe. Ich ruf zurück oder sag Bescheid, wenn ich wieder aus dem Tunnel raus bin, aber jetzt im Moment läuft es zu gut.

Selbstständigkeit als Influencer: Besonderheiten und Tricks

Du sitzt an deiner Buchhaltung, aber musst gleichzeitig etwas Spannendes unternehmen, erleben, um Insta-Storys nicht den ganzen Tag leer zu lassen. Influencer und damit selbstständig zu sein ist ganz oft ein Spagat zwischen den Welten. So ist selbstständig sein schon nicht die leichteste aller Übungen – aber vor allem in Zeiten, in denen es nicht ganz rundläuft, seine Jobs und Aufgaben in der selbst gewählten Öffentlichkeit fortzuführen, ist noch viel schwieriger.

Networking

Frag auf Events, was dir auf dem Herzen liegt. Komm ins Gespräch. Connecte dich. Lenk den Small Talk auf den Beruf. Finde raus, was du wissen willst, und wenn es nur ist, wie jemand seine Bilder bearbeitet oder an die tolle letzte Kooperation rangekommen ist. Geh auf Events – aber nur auf die, die dir wirklich etwas bringen, nicht wahllos auf jedes, zu dem du eingeladen wirst. Networke, ohne dir deine Abende unnötig vollzustopfen.

Darüber reden und nicht darüber reden?

Ich möchte von meiner Start-up-Gründung erzählen, dass ich gerade an meinem Businessplan sitze, Bankgespräche führe, Wohnungen für Büroräumlichkeiten besichtige und vielleicht Mitarbeiter einstelle. Aber eine wichtige Sache, die ich gelernt habe: Dinge vorab totzureden, macht die Sache, wie schon gesagt, tot. Reden hält vom Arbeiten ab. Die Zahl seiner Kritiker und Zuschauer in einem Arbeitsprozess absichtlich zu vergrößern, macht die Sache nicht einfacher, weswegen ich mir angewöhnt habe, auf Instagram oder meinem Blog nicht mehr als nötig von anstehenden Projekten zu berichten. Darüber reden kann viele Nachteile mit sich bringen, stellt Ungereimtes ungewollt ins Rampenlicht – ist aber eventuell auch wichtig, um Feedback, Tipps und neue Impulse zu erhalten. Wie sehr man die Öffentlichkeit in neue Pläne mit einbindet, ist immer ein Spagat und eine Ermessensentscheidung.

Den richtigen Umgang mit Geld lernen

Sparsamkeit ist eine der wichtigsten Tugenden, die ich durch die Selbstständigkeit gelernt habe. Geld ist nur gut investiert, wenn es lebensnotwendige Dinge abdeckt oder wenn es Potenzial hat. Zu Beginn schrieb ich zwar fleißig Rechnungen, aber kaum welche davon wurden bezahlt. Ich schrieb Mahnungen und musste meinem Geld quasi hinterherrennen – so behielt ich die Wertschätzung für Geld immer bei. Ich glaube, dass man nur wirklich erfolgreich werden kann, indem man, selbst wenn die Einnahmen höher werden, jeden Euro umdreht und überlegt: Muss dieser Kaffee für fünf Euro jetzt sein?

Hire when it hurts – aber nur, wenn du es dir leisten kannst

Worauf ich auch stolz bin, denn das ist nicht branchenüblich: Ich habe meine Mitarbeiter immer fair behandelt. Ich habe im Oktober 2016 eine Werkstudentin eingestellt, als ich es mir leisten konnte, ihr die gerechtfertigten 12,50 Euro die Stunde zu bezahlen. Ich habe mir im gleichen Atemzug eine Praktikantin gesucht, bei der ich nicht darauf geachtet habe, ob sie im Pflichtpraktikum ist oder kürzer als drei Monate bleibt, denn dann muss man Praktikanten keinen Mindestlohn zahlen. Als ich studiert habe, gab es den Mindestlohn noch nicht, und damals war es üblich, Praktikanten für einen Hungerlohn für eine 40-Stunden-Woche einzustellen. Dass ich zu Schulzeiten in meinen Praktika nichts verdient habe, ist ja okay, aber dass ich 2011 dann als Studentin unbezahlt die ganzen Semesterferien arbeitete, das ist eine Erfahrung, die nicht hätte sein müssen. Seit 2013 gilt der Mindestlohn für Praktikanten, und die meisten Firmen, vor allem auch online, versuchen, diese Regelung zu umgehen. »Nur Studenten im Pflichtpraktikum oder unter drei Monate! Natürlich wird das Praktikum vergütet. Vergütung: 300 Euro« liest man da in Stellenanzeigen. Ich finde: Das ist eine Frechheit. Von Berufserfahrung und 300 Euro kann man in Hamburg keine Miete bezahlen. Deswegen war mir schon immer klar: Ich stelle nur ein, wenn ich es mir leisten kann. Das Geld, das man einem Fotografen für professionelle Bilder oder einem Manager für professionelle Organisation bezahlt, muss an anderer Stelle erst einmal verdient werden. Plötzlich muss man, um mit dem eigenen Finanzplan Schritt halten zu können, zumindest als Mikroinfluencer mit weniger als 1.000 Euro pro Posting das Doppelte an Werbeplätzen verkaufen. Statt drei bis vier Kooperationen im Monat bis zu acht eingehen und annehmen. Und mit dem Credo, dass immer mehr unbezahlter als bezahlter Content sein sollte, kommt man ab und an ziemlich ins Straucheln. Vielleicht kann euch die Schwester, die Korrektur liest, einiges abnehmen? Oder ihr könnt euren Partner bitten, euch am Wochenende mit seiner Meinung zu Anfragen, seiner Hilfe bei Fotos zu unterstützen?

Ein Management

Wenn ich selbst für Kundenprojekte Influencer angefragt habe, waren es immer die mit Management, die mir am schnellsten geantwortet haben. Ein Influencer mit Management braucht nur ein paar Stunden, ein Influencer, der sich selbst managt, zwei bis drei Tage für eine Antwort. Ein Management zu haben, ist verlockend, weil es die eigene Arbeitsweise von null auf 100 professionalisiert, allerdings bezahlt man oft 20 bis 50 Prozent des eingenommenen Honorars als Abgabe.

Blog und Instagram als Team?

Ich war schon mal ein paar Monate lang an einer Start-up-Gründung im Team beteiligt, die mich vor allem eines lehrte: Gründe niemals mit Leuten zusammen, die du nicht auch vorbehaltlos heiraten würdest. Also: Gründe niemals mit irgendwem irgendwas zusammen.

Ich bin ein Solokünstler, schon immer gewesen, ich wollte allein verantwortlich sein, ich bin ein Macher. Also nahm ich von jeglichen Programmen, die mich als Start-up finanziell unterstützen könnten, Abstand, und versteifte mich auf den Gedanken des Bootstrappens. Das bedeutet: mein eigenes Tempo, mein eigenes Geld, nichts outsourcen und letztendlich auch mein eigener Erfolg.

Außerdem sind Instagram und ein Blog, außer man zieht es als großes Magazin auf, eine persönliche Sache. Es ist absolut verwirrend, wenn jeden Tag ein anderer sein Selfie auf einem Kanal hochlädt oder seine Story teilt. Man muss immer checken: Wer schreibt denn jetzt gerade? Und meistens interessiert man sich nicht für beide Personen gleich viel, würde einer eher folgen, der anderen weniger. Mach dein eigenes Ding!

Fazit

Was ich schlussendlich als tatsächlichen Erfolgsgrund einordnen würde, lässt sich zusammenfassen in einem Wort: machen. Ich kenne so viele Menschen, die eine Idee nach der anderen haben, gefühlt 30 Projekte gleichzeitig angehen, sich verstricken, nie über die Planungsphase hinauskommen, immer nur weiter Pläne schmieden, Organigramme bauen oder To-dos sortieren, aber die letztendlich eines nicht tun: etwas schaffen. Sie drehen sich seit Jahren immer nur um sich selbst, halten sich irgendwie über Wasser, erzählen von diesen Plänen und in einem halben Jahr von anderen. Eine Idee für eine tolle Internetseite, für ein neues Netzwerk oder ein Produkt ist nämlich erst einmal nichts wert, gar nichts. Außer, du machst etwas daraus.

Acht Dinge, die ich in zwei Jahren Selbstständigkeit als Blogger und Influencer gelernt habe:

1. Ohne Kaffee geht gar nichts.
2. Du schaffst immer weniger, als du dir vornimmst.
3. In einer Einzimmerwohnung zu arbeiten, kann ziemlich müde machen. Du brauchst zwei Zimmer oder einen Co-Working

Space. Aber um Gottes willen, du kannst nicht dein Bett angucken, während du arbeitest!

4. Such dir einen Steuerberater. Egal wie »easy« das doch ist – dieser Mensch ist sein Geld garantiert wert.
5. Such dir erfolgreiche Vorbilder – Personen, die dich inspirieren, von denen du täglich etwas lernen kannst.
6. Erfolgreich wird man nicht durchs To-do-Listen-Schreiben.
7. Schau dich um, aber nicht zu sehr.
8. Wenn man drei Fragen stellt, bekommt man nur auf die letzte eine Antwort.

Antworten von den Profis der Branche

Zehn Fragen an Louisa von louisadellert.com

@louisadellert

1. *Was versuchst du mit deinen Instagram-Postings und deinem ganzen Online-Auftritt zu erreichen?*
   Ich möchte mit meinen Postings oft zum Nachdenken anregen und meinen Lesern einen Mehrwert bieten. Ein gutes Gefühl und manchmal eine Portion Mut mit auf den Weg geben.
2. *Was macht dir am meisten Spaß an deinem Job?*
   Dass ich kreativ sein darf und jeder Tag ganz unterschiedlich verlaufen kann. Es könnte morgen auch vorbei sein, und genau das ist der Nervenkitzel an der Sache.
3. *Was ist dein Prinzip in deinem Feed oder worauf achtest du bei deinen Fotos?*
   Meine Fotos sollen nicht retuschiert sein (vom Körper her). In meinem Feed poste ich alles durcheinander und habe keinen einheitlichen Faden, der sich durch meinen Account zieht. Fotos zum Thema Selbstliebe und auch Texte zu dem Thema kommen bei meiner Community am besten an.

4. *Was, denkst du, ist wichtig, um authentisch und glaubwürdig zu sein?*
   Immer die Wahrheit zu sagen und zu zeigen. Auch mal Schwächen und Fehler zuzugeben und MIT den Followern zu agieren; nicht gegen sie.
5. *Was war die kurioseste/seltsamste/schlimmste Kooperationsanfrage, die du je bekommen hast?*
   Ich sollte mit meinem Freund einen Penisring testen. Da sind mit fast die Augen rausgefallen. Das war mir dann doch ein wenig zu persönlich.
6. *Wie haben sich deine Inhalte im Laufe der Jahre verändert?*
   Am Anfang war ich sehr oberflächlich und nur auf mein Aussehen fixiert. Das hat sich auch in den Kooperationen widergespiegelt. Es ging meist nur um Outfits. Inzwischen sind mir die inneren Werte sehr wichtig und auch, dass ich sie nach außen tragen darf. Ich nehme nicht jede Kooperation an, sondern denke genau drüber nach.
7. *Wie, denkst du, sieht dein Job in fünf Jahren aus?*
   Ich habe dann einen Online-Shop und einen Concept Store. Instagram habe ich auch noch, aber verdiene damit nicht mehr hauptsächlich mein Geld.
8. *Wenn du etwas an der Influencer-Branche ändern könntest, was wäre das?*
   Mehr Transparenz, was die Preise angeht, und schärfere Regeln bezüglich der Kennzeichnungspflicht für Werbung.
9. *Mit welchen fünf Tätigkeiten verbringst du an einem typischen Tag hauptsächlich deine Arbeitszeit?*
   Mails beantworten, Instagram-Storys, Telefonate führen, Nachrichten von Followern beantworten, Kooperationen umsetzen.
10. *Was ist dein wichtigster Tipp für alle, die jetzt mit einem Blog oder Instagram anfangen wollen?*
    Macht es nicht, weil ihr kostenlose Reisen geschenkt bekommen wollt. Macht es, weil ihr eine Leidenschaft für etwas besitzt, die ihr mit der Welt teilen wollt. Seid einzigartig.

10. Tipps und Tricks für erfolgreiches Influencer-Marketing

»Die Hälfte meiner Werbung ist rausgeschmissenes Geld – ich weiß nur nicht, welche Hälfte«, hat Henry Ford einmal gesagt. Manch ein PR-Berater mag sich die letzten Jahrzehnte wie Henry Ford gefühlt haben.

Verkäufe via Social Media – also das, was man mit einer guten Influencer-Kampagne erreichen will – funktionieren nach dem KLT-Prinzip. Know, Like, and Trust me. Ein Influencer muss es schaffen, dass Leute ihn kennen und vor allem wiedererkennen, durch einen bestimmten eigenen Stil. Er muss eine Art mitbringen, die so sympathisch, anders oder nett ist, dass neue Follower beschließen, ihn zu mögen. Um dadurch letztlich Vertrauen zu schaffen und eine vertrauensvolle Bindung zu seinen Followern aufzubauen. Gute Influencer sind jene, die mit ihrer Community fest verwoben sind und das KLT-Prinzip leben.

Auswahl der Influencer: Schlechte von guten Creatoren unterscheiden

Eine Kampagne steht und fällt mit den richtigen Influencern. Bestenfalls Nischen-Influencer, aber nicht so »nischig«, dass sie keine neuen Zielgruppen erreichen. Fürs Hurricane bieten sich Festival- oder Lifestyle-Influencer an, für Jacken jeder, der gerne in der Natur ist, für Essenslieferdienste sollte man mehr als nur Food-Blogger anfragen, da auch die Follower normaler Personen regelmäßig Essen bestellen. Der Markenfit zwischen Influencern und Marke ist entscheidend. Dabei muss man Lebenssituation und Fähigkeiten berücksichtigen: Eine Auto-Kooperation macht keinen Sinn, wenn der Influencer keinen Führerschein hat; eine Kaffee-Koop macht keinen Sinn, wenn der Influencer keinen Kaffee trinkt; eine Pärchen-Koop macht keinen Sinn bei Singles.

FOLLOWER CHANGES

	Followers ⑦	Follows ⑦	Mentions (Text/Photo) ⑦	Posts ⑦
2017-10-29 Sun	35,610 +11	777 +1	--	2,072 +2 show
2017-10-28 Sat	35,599 +34	776 -1	--	2,070
2017-10-27 Fri	35,565 +8	777 -2	1/0 show	2,070 +1 show
2017-10-26 Thu	35,557 +25	779 +1	0/1 show	2,069 +1 show
2017-10-25 Wed	35,532 +26	778	1/1 show	2,068 +1 show
2017-10-24 Tue	35,506 +15	778 -3	--	2,067
2017-10-23 Mon	35,491 +35	781	--	2,067 +1 show

Bei der Auswahl von Influencern müssen PR-Berater und Firmen sich nicht nur auf ihren Instinkt und thematische Überschneidungen verlassen, sondern können gute von schlechten Content Creatoren über einfache Kenngrößen unterscheiden lernen. Die einfachste Messgröße ist die Engagement-Rate – die Rate von Interaktionen (Likes, Kommentare) gerechnet auf die Followerzahl. Eine Interaktionsrate von unter 1 Prozent (100 Likes auf einem Bild bei 30.000 Followern) zeigt, dass die Follower eventuell gekauft und nicht ganz organisch gewachsen sind. Ob eine Reichweite organisch gewachsen ist, kann man auch über Influencer-Tools tracken – influencerdb.net und socialblade.com sind Seiten, auf denen man jeden Influencer auf sein Wachstum, seine Engagement-Rate und seine durchschnittlichen Postings und Interaktionen überprüfen kann. Ebenso hilft ein Blick in die Liste der Follower eines Accounts – sind da jede Menge ausländische Profile ohne Profilfoto dabei, könnte man hier auf eine erkaufte Reichweite gestoßen sein.

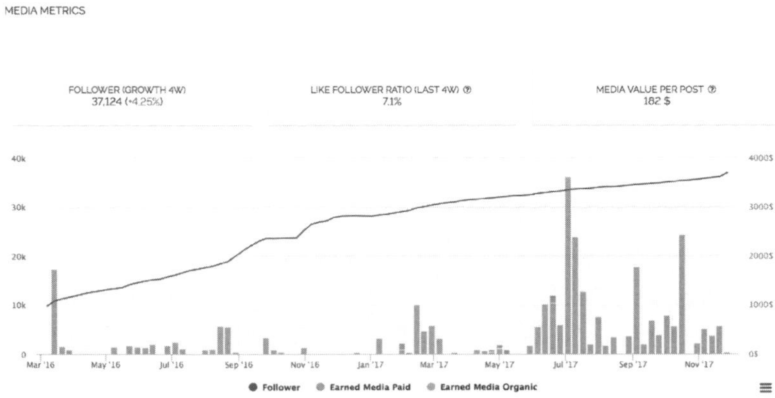

Warum Firmen nur noch Mikroinfluencer buchen sollten

Wenn man als Marke auf Instagram kommt und sieht, wie viel Follower einzelne, alltägliche Menschen haben, könnte man fast vom Glauben abfallen. Eine Markenstrategie, aufgeteilt auf ein paar richtig, richtig große Influencer-Accounts mit über einer Million Follower, ein paar Tausend Euro, viel mehr Reichweite als bei jeder Fernsehwerbung bei einem Bruchteil der Kosten, läuft.

> *»Hallo Luise,*
>
> *bitte entschuldige die späte Rückmeldung. In der Zwischenzeit konnten wir ein paar Fragen klären, allerdings gab es leider ein paar Planungsänderungen: Da die Anzahl der zu verleihenden Autos reduziert wurde, können wir leider viel weniger Creators in die Kampagne involvieren als ursprünglich geplant. Das heißt, dass wir statt mit vielen kleinen eher mit wenigen, dafür größeren Creators zusammenarbeiten werden. Daher muss ich dir leider für die Kampagne absagen. Es tut mir leid, dass ich keine bessere Nachricht habe. Es wird sich aber sicher bald wieder die Möglichkeit einer Zusammenarbeit bieten. Wenn wir ein passendes Projekt*

haben, melden wir uns gerne wieder!

Hab ein schönes Wochenende.
Liebe Grüße
Mia«

Solche oder ähnliche Nachrichten bekomme ich fast täglich. Ich werde für eine Kampagne angefragt, gebe mir Mühe mit Angebot und kreativen Vorschlägen, um meine Teilnahme einen Tag später abgesagt zu bekommen. Der Grund: Agenturen entscheiden sich statt für fünf Mikroinfluencer dann doch lieber für einen großen Player. Ich denke: Das ist ein Fehler.

Mikroinfluencer sind die Zukunft von Markenkooperationen. Denn generell gilt auf Influencer-Seite: Je größer die Reichweite, desto weniger authentisch, persönlich und echt ist der Content. Ist ja auch ganz klar – 245 Leuten erzählt man unbefangener etwas als 687.000. Auch auf der Leserseite ist bei kleinen Accounts viel mehr Identifikationspotenzial da, denn wie sich zeigte, haben Leser einen völlig differenzierten Blick auf das Reichweitenwachstum und den Erfolg von Blogs. So formulierte ein Teilnehmer einer meiner Umfragen seine negative Assoziation folgendermaßen: »... trotzdem sollten Blogs auch nicht zu groß werden. Je größer der Blog und bekannter die Bloggerin, desto geringer das Identifikationspotenzial.«

Vor allem aber sind es die wenigen und nur ausgewählten Kooperationspartner, die kleine Player zu sehr attraktiven Botschaftern machen: Glaubwürdigkeit und Vertrauen sind höher, da sie noch nicht so »verheizt« sind. Die Produktion von bezahlten Inhalten ist für diese Influencer immer noch sekundär zu normalen Inhalten, deshalb gehen sie weitaus seltener Markenkooperationen ein als die Topstars der Szene und sind daher authentischer. Marken können also mit dem gleichen Budget, das sie für EINEN Topstar ausgeben würden, 20 bis 40 zur Brand passende Mikroinfluencer beauftragen und durch sie ein höheres Engagement erreichen. Addiert haben Mikroinfluencer in ihrer jeweiligen Followerzahl viel höhere prozentuale Impressionen als Makroinfluencer – ein 35k-Influencer hat eine erreichte Personenzahl von 28k, ein 400k-Influencer erreicht manchmal nur noch 100k-Impressionen – lässt sich aber dennoch die 400k bezahlen.

Je größer die Anhängerschaft, zum Beispiel von Promis, Sportlern, Musikern oder Webstars wie Bibi, desto heterogener setzt sie sich zusammen. Mikroinfluencer haben weniger Follower, aber prozentual viel mehr davon in relevanten Zielgruppen. Davon abgesehen, dass Honorare in der Makroinfluencer-Szene fast unbezahlbar sind, haben ihre Fans unzählige verschiedene Interessen, die Streuverluste bei platzierten Botschaften sind groß. Die vorherrschende Maxime »Je mehr Reichweite, desto besser« ist überholt. Influencer, die für eine Brand die größte Reichweite erzeugen, tatsächlichen Kaufanreize schaffen und Produkte authentisch übermitteln, liegen heute zwischen 1.000 und 100.000 Followern. Doch auch hier gilt: Marke und Influencer müssen zusammenpassen!

Obwohl sich eine Zusammenarbeit mit Mikroinfluencern also in jedem Fall auszahlt, sie sehr viel Potenzial haben und bessere Umsetzungen erzielen, bedeuten sie auch einen Mehraufwand für Brands. Das erfordert ein Umdenken bei Marken und Unternehmen. Nicht mehr die Reichweiten der Influencer stehen im Vordergrund. Es geht um Einfluss, die Community-Bindung und den Aufbau von Influencer Relations. Nur wer so denkt und agiert, wird langfristig Erfolg haben. Manchmal scheint diese Mehrarbeit fast unmöglich zu bewältigen, wenn man bedenkt, unter welch enormem Zeitdruck solche Kampagnen geplant und umgesetzt werden. Ein Celebrity ist schnell gefunden, da er ständig und überall präsent ist. Im Vergleich dazu benötigen Marken allerdings eine Art Filter- und Suchmaschine, um passende Mikroinfluencer zu identifizieren, falls sie in der Szene nicht den nötigen Überblick haben oder sich nicht durch Recherche verschaffen können.

15 Dinge, die beim Aufbau von Kampagnen beachtet werden sollten

1. Richtiges Anschreiben

Ich erwarte von niemanden, dass er sich mein Lieblingsessen merken kann, meine Adresse oder wann ich Geburtstag habe. Aber bei einem Blog, der luiseliebt.de heißt, und wöchentlichem E-Mail-Austausch, den ich mit »Liebe Grüße, Luise« unterschreibe, finde ich eine dauerhafte Ansprache mit »Hallo Marie« oder »Liebe Luisa« doch eher seltsam. Sicherlich passiert so was durch wechselnde Besetzung, Autokorrektur, ein unübersichtliches CRM-System oder Excel-Listen, die die Vornamen nach dem ersten (bei mir Marie) abbrechen, oder Praktikanten, die auch mal für eine Weile die Kommunikation übernehmen dürfen. Verständnis habe ich durchaus. Ein merkwürdiges Gefühl hinterlässt es bei mir aber dennoch.

2. Nachfragen statt vorschreiben und Platz für Kreativität lassen

Oft erreichen mich Anschreiben, die bis ins kleinste Detail durchdacht sind, was ja generell erst einmal gut ist. Die Agentur oder Firma hat sich Gedanken gemacht, überlegt, was sie will, und das Briefing genau formuliert. Inklusive Produkt-Pressetext, möglichen Content-Beispielen, Links, wie andere Blogger die Idee bereits umgesetzt haben, Titelvorschlägen oder Ähnlichem. Meistens habe ich aber auch, wenn ich die Mail bekomme, eine Idee, wie ich das Produkt oder die Idee umsetzen würde. Außerdem habe ich sowieso meine eigene Art, Kooperationen anzugehen und mich kreativ einzubringen. Das wird oft gutgeheißen, aber manchmal auch abgeschmettert, mit der Begründung, für die Dienstleistung würde man ja immerhin bezahlen. Oder ich erlebe, dass nach meiner eingereichten Posting Preview 53 gelbe Anmerkungen das Dokument zieren und jeder meiner Sätze zusammengestrichen wird. Das war kein

Schulaufsatz, sondern meine fertige Umsetzung. Was für mich gar nicht geht: Firmen, die jeden Satz, jede Zeile kontrollieren wollen, ohne Platz für mich und meinen Sprachstil zu lassen. Das sind Firmen, die denken, mit einer Kooperation »kauft« man einen Blogger, mit allem, was dazugehört.

Es gibt Brands, die Shootings organisieren, in denen ich nichts mitzubestimmen habe bei Fotoauswahl, Set, Look, Bearbeitung und Co. und die mir dann die Fotos schicken mit »Wir freuen uns, wenn du sie in deinen Kanälen postest«. Wer sich als Unternehmen auf eine Blogger-Kooperation einlässt, sollte vorher wissen, dass die Zusammenarbeit nicht mit einer normalen Modelkampagne oder einem Lookbook-Shooting zu vergleichen ist. Sie sollten zudem vorher anfragen, wie viel Geld ein Blogger haben möchte, statt einen Betrag vorzuschlagen. Jeder Blogger hat andere Preise, und die Arbeit sollte wertgeschätzt werden. Ich weigere mich zudem, vorgeschriebene Sätze zu sagen, und lese nichts aus Pressemitteilungen vor. Genauso wenig will ich gesagt bekommen, was ich empfehle. Wichtig ist auch, dass die Firma mir einen Testzeitraum gibt, denn Beautyprodukte muss man über vier Wochen testen, Bücher muss man erst einmal lesen.

3. Passendes Zeitgefühl

Oft kriege ich Freitagabend kurz vor 18 Uhr eine Kooperationsanfrage. Scheinbar wurde den ganzen Tag oder die ganze Woche an der Konzeption gearbeitet und dann Freitag, vor dem verdienten Feierabend, alles rausgesendet. Und genauso oft bekomme ich dann am Montagmorgen Nachfass-Mails oder Reminder wie »Konntest du dir schon Gedanken machen?«. Augenscheinlich nicht, sonst hätte ich ja geantwortet. Nachfass-Mails finde ich ab frühestens drei Tage später angebracht, bei der Menge von Mails, die man ja täglich bekommt.

4. Eine Frage des Budgets

Ungefähr 30 Prozent der Kooperationen werden angefragt, mit keinem oder nur wenig eingeplantem Budget für Influencer-Marketing. Erst letztens wurde mein ausgesendetes Mediakit von einer wirklich großen Marke folgendermaßen beantwortet:

> *»Liebe Luise,*
>
> *vielen Dank für dein Mediakit! Ich habe es mir eben angesehen :)*
> *Da Social Media für uns ein ganz neuer Punkt auf der Agenda ist (das Produkt gibt es zwar schon seit den 1970er-Jahren, aber auf Instagram starten wir erst jetzt so richtig), müssen wir uns natürlich erst einmal herantasten. Deshalb haben wir aktuell ein Budget von 20 Euro zur Verfügung uuuuund ein ganz tolles Produktpaket! Wenn du trotzdem Lust auf eine Zusammenarbeit mit uns hast, freue ich mich sehr über deine Rückmeldung.*
>
> *Liebste Grüße*
> *deine Julia«*

Die Neuheit eines Unternehmens macht den Werbeplatz auf meiner Seite allerdings nicht weniger wert, als er ist. Ich gehe ja genauso wenig in den Rewe, kaufe für 500 Euro ein und erkläre an der Kasse, dass ich nur 20 Euro dabeihätte, aber da ich die Produkte noch nie vorher gegessen hätte, es bestimmt okay wäre, wenn wir uns zum Testen auf diesen Betrag einigen würden. Der Kassierer würde mir einen Vogel zeigen.

> *»Entscheidet sich ein Unternehmen beispielsweise für ein Product Placement, sind doch nicht nur die Influencer für das Ergebnis verantwortlich. Wie gut ist das Briefing? Wie viel Freiraum wird dem Influencer gelassen (Kontrollverlust? Na und?)? Wie hoch ist das Budget? Wer wenig zahlt, kauft*

immer doppelt. Wer wenig zahlt, kann nicht viel erwarten. Jede Agentur sollte wird das sofort verstehen und braucht sich dann nicht über die niedrige Qualität beschweren, wenn planlos »Influencer« für 50 Euro eingekauft werden.«[43]

Jan Firsching

5. Ehrlichkeit

Nicht jedes Produkt ist nachhaltig, fair produziert oder gut für die Umwelt, mit Mehrwert, gesundheitlichem Effekt oder zuckerfrei – das ist okay. Zu lügen und sein Produkt besser zu machen, als es ist, ist nicht okay. Ich als Influencer kann oft nur die Inhalte weitergeben, die ich selbst recherchieren kann, komme nicht in die Produktion, um nachzuprüfen, dass alles mit rechten Dingen zugeht. Fair produziert muss daher auch immer fair sein.

6. Weniger Paket-Seedings

Ich bekomme regelmäßig komische Sachen geschickt, die ich nicht gebrauchen kann, Shampoo für blonde Haare oder Schuhe in Größe 38. Es ist ziemlich ärgerlich, wenn man fünf Poststellen abklappert, um Pakete einzusammeln, und sich dann Dinge drin befinden, die man gar nicht haben möchte. Täglich eine Paketflut, erst mal allen schicken, irgendjemand wird schon drüber berichten, scheinen die Firmen zu denken! Darauf würde ich wirklich gerne verzichten. Und es rückt die Marke auch in kein gutes Licht.

7. Respekt, bitte!

»Krass, du bist aber teuer. So viel nimmt ja nicht mal Blogger X, und der hat schließlich eine Blog-Reichweite von Y.« Solche oder ähnliche Sätze sind tatsächlich schon vorgekommen und lassen mich als Blogger sofort aufhorchen. Mit den Preisen und Reichweiten anderer Blogger wie mit einer banalen Hausnummer umgehen und sie anderen Bloggern unter die Nase reiben? Sorry, das geht einfach gar nicht. Mediakit und Mailinhalte sind absolut vertraulich und sollten auch immer so behandelt werden. Und zu versuchen, den Preis eines Bloggers zu drücken, indem man ihn ganz offensichtlich mit einem anderen (vermeintlich größeren) Blogger vergleicht, ist ebenfalls ein absolutes No-Go[44].

Kosten werden nicht nur durch Followerzahlen beeinflusst. Auch der Produktionsaufwand, das Unternehmen an sich, der Umfang und die Qualität der Inhalte sind wichtige Faktoren. So investieren Fotografen beispielsweise oft mehr Zeit in ihre Inhalte, als es bei Influencern aus dem sehr unspezifischen Lifestyle-Bereich der Fall ist. Ein Schnappschuss von einem Produkt oder von einem Event geht schneller von der Hand als ein professionell inszeniertes Motiv. Unternehmen sollen nicht nur auf die Followerzahlen achten, sondern sich auch die Interaktionsraten im Detail ansehen. So haben Instagram-Influencer mit weniger Followern in der Regel höhere Interaktionsraten. Das ist logisch und nicht zwingend ein entscheidendes Kriterium.

Außerdem: Jeder bestimmt seine Preise, seinen Wert selbst. Man kann mit 30k 200 Euro für ein Instagram-Posting nehmen, man kann aber auch 600 Euro nehmen, wenn man der Meinung ist, dass man eine besonders nahe, interessierte und engagierte Community hat, denen man nur wenige Produkte im Monat vorsetzt, die im Umkehrschluss aber genau das auch zu schätzen wissen. Ein Vergleich zwischen Influencern und ihren Preisen ist deswegen nicht angebracht – nachfragen kann man aber natürlich, wie sich die Summe zusammensetzt und begründet wird.

8. Schnell sehen, schnell kaufen, schnell vergessen? Lieber nicht …

Manche erklären sich den Hype von Instagram-Kooperation damit, dass sie günstiger sind als YouTube. Das ist aber nicht Symptom, sondern Ursache. Natürlich ist etwas günstiger, das weniger Aufwand bedeutet. Aber: Instagram-Inhalte sind schnell verschwunden, auf anderen Kanälen kann man dank des längeren und ausführlicheren Contents und demnach mit mehr Mehrwert entsprechende Botschaften noch lange über Google und Pinterest ranken. Es ist für Marken also sinnvoll, auch auf Blogs und YouTube zu setzen. Das ist wie mit dem Burger, der für eine Stunde den Hunger stillt – dann muss man sich etwas Neues zu essen kaufen. Besser wäre direkt das vollwertige Gericht, das lange satt hält.

9. Verträge, die nur für beide Seiten gut sind

Wenn du eine Kooperation eingehst, dann unterschreibst du einen Vertrag für die Brand, nicht andersrum. Die Brand sichert sich ab, falls du unzuverlässig arbeitest. Ich habe keinen längeren Hebel, an dem ich sitze – wenn die Agentur zum Beispiel fünf Tage braucht, eine Posting Preview freizugeben, ich aber eigentlich schon an Tag drei hätte veröffentlichen wollen und das meinen ganzen Content-Plan durcheinanderwirft, gibt es nichts, was ich tun kann. Wenn ich als Zahlungsziel 30 Tage anberaume und nach drei Monaten immer noch nur vertröstet werde, kann ich nur Mahnungen senden und mich irgendwann an meine Rechtsschutzversicherung wenden. Häufig sind Verträge nur für die eine Seite sinnvoll, der Influencer hat nichts davon.

10. Professionalität und Seriosität statt Chacka-Mentalität

Es gibt die Firmen, die bei jeder Kooperation ein 17-seitiges Briefing und einen ebenso langen Vertrag schicken, genaue Deadlines für jede einzelne Antwort und Vertragsstrafen en masse festlegen, und dann gibt es die, die einfach bei Instagram direkt schreiben: »Hey Marie, Bock zu kooperieren?« Letztens habe ich im Spam meines YouTube-Postfachs eine Nachricht einer Filmproduktionsfirma gefunden, die mein Footage verwenden wollte. Die Nachricht war ein Jahr alt. Kooperationsanfragen über Instagram, Kaltakquise per

Telefon oder YouTube-Postfächer? Alles schon erlebt. Einziger Dauerbrenner: die gute alte E-Mail. Aus Seriositätsgründen würde ich auch dabei bleiben, statt neue Wege zu gehen. Auch bei allen anderen Arten von Deals frage ich mich, warum man Seriosität vermissen lässt. Es geht um Geschäfte!

> *»Hallöchen Luise,*
>
> *ich bin mir ziemlich sicher, dass du mehrfach am Tag nervige Werbe-E-Mails bekommst, die zu Recht gleich im Papierkorb landen. Meine E-Mail zu lesen, dauert genau 3 Minuten und 27 Sekunden, und ich verspreche dir, du wirst danach mit einem Grinsen dasitzen!*
> *Ich komme gleich zum Punkt: Ich bin Johann (Name geändert) und habe eine geniale Idee, wie wir zusammen Geld verdienen können! Jetzt denkst du dir bestimmt: wieder so ein Spinner … aber lass es mich kurz erklären!*
> *Heutzutage sitzen da draußen Millionen Jugendliche und Kinder, die ihre Freizeit vor dem Smartphone verbringen und ihren Idolen, genau wie du es für sehr viele bist, auf Instagram, Snapchat, YouTube, Facebook etc. folgen und gerne GENAU SO WIE DU wären.*
> *Nun, wie identifiziere ich mich mit meinen (nennen wir sie) Stars? Richtig, indem ich aussehe wie sie, und das geht am einfachsten, indem ich dieselbe Kleidung trage, wie sie es tun!*
> *Meine Idee ist folgende: Wir werden gemeinsam ein einziges T-Shirt auf den Markt bringen. Eine Farbe, ein Logo, ein Preis! Eine Brand, die nur aus einem einzigen T-Shirt besteht!*
> *Klingt verrückt, ist es aber nicht! Genau dieses T-Shirt werden dann an einem bestimmten Tag sehr viele Instagrammer, Snapchater, YouTuber, Facebooken, Blogger etc. tragen und das Ganze promoten.*
> *Aber wie macht man für ein T-Shirt Werbung? Ganz einfach: indem es 1. gut aussieht und 2. – noch viel wichtiger – einem*

guten Zweck dient! Ein T-Shirt, dessen Erlös zum Teil an eine gemeinnützige Organisation geht. Das ist der Jackpot! Millionen deutsche Kids sehen plötzlich, dass einige ihrer Stars dieses eine T-Shirt tragen, das preiswert ist, geil aussieht und ZUSÄTZLICH noch dazu dient, das eigene Selbstwertgefühl zu steigern, da sich der Kunde beim Kauf automatisch für einen wohltätigen Zweck einsetzt!

Die Käufer haben die Möglichkeit, beim Kauf eine gemeinnützige Organisation auszuwählen, an die die Spende geht. Somit wird das Kauferlebnis enorm aufgewertet, da der moralische Aspekt in den Vordergrund gedrängt wird und somit leichter zum Kauf verleitet! Genial, oder?

Kommen wir zum Wichtigsten: Was hast DU davon?

Nun, offen gestanden, du bist nicht der Erste, der diese E-Mail erhält, und einige Influencer aus der deutschen Social-Media-Welt sind bereits in diese Kampagne involviert! Somit habe ich in den letzten Wochen sehr viel Rückmeldung bekommen und muss feststellen, dass die Kampagne extrem gut ankommt!

Ich würde dir einen unausschlagbaren Deal anbieten: Du erhältst (nach aktuellem Stand der Influencer-Anteile) 3,48 Prozent Gewinnanteil in den ersten sechs Monaten nach dem Start der Kampagne! Stell dir einmal vor, nach dem Release, durch mehrere hochinteressante deutschen Internetstars promotet, werden innerhalb der ersten drei Tage (nach Reichweite der bisherigen Influencer gerechnet) 7.460 T-Shirts zum Preis von je 34,98 Euro verkauft!

Dann wären das bei einem Anteil von 3,48 Prozent deinerseits 9081,09 Euro!!!

Dafür, dass du nichts weiter tust, als das T-Shirt zu tragen, darauf hinzuweisen, wie geil das Shirt ist UND dass 5 Euro pro T-Shirt an zum Beispiel die deutsche Krebshilfe gehen!

Das Ganze ist einer der größten Win-win-Situationen aller Zeiten!

Gemeinnützige Organisationen profitieren davon!
DU profitierst enorm davon!
Die Brand wird populär und Wege für zukünftige Kollaborationen eröffnen sich!
Und zu guter Letzt sind die Kids da draußen happy, weil sie ein geiles neues T-Shirt besitzen, mit dem sie sich mit ihren Stars identifizieren und gleichzeitig etwas Gutes getan haben!
So, ich glaube, das waren erst einmal genug Informationen in 3 Minuten und 27 Sekunden!
Ich würde mich extrem über eine Zusammenarbeit mit dir freuen und erwarte deine (da bin ich mir sicher) begeisterte Antwort, dass wir genauere Details besprechen können!

Wünsche dir einen schönen Tag!
Johann«

Abgesehen davon, dass seine Rechnung falsch und Umsatz nicht gleich Gewinn ist, hätte man seine Idee und Anfrage auch wirklich kurz und seriös erklärt halten können. Ich schrieb ihm das als kurzes Feedback und stellte noch einige interessierte Fragen. Wo er die Shirts produziert, was draufstehen wird und wie die Kampagne heißt, zum Beispiel. Die Mail enthält zwar viele Sätze, aber wirklich wichtige Infos fehlen. Von Johann kam nie wieder eine Antwort.

11. Die eigenen Accounts pflegen

Für erfolgreiches Marketing muss eine Brand dort zu finden sein, wo die Aufmerksamkeit der Kunden ist. Besonders wenn die eigene Gefolgschaft in den sozialen Netzwerken noch relativ klein ist, macht es Sinn, mit Influencern zusammenzuarbeiten und deren Reichweite zu nutzen, um bekannter zu werden. Zu jeder Kooperation gehört deswegen die Verlinkung zur Brand. Im Text erwähnt, im Bild getaggt, meistens sogar beides. Es ist schön, Aufmerksamkeit und

Imagestärkung auf die Marke zu generieren und vielleicht sogar ein paar neue Follower zu bekommen!

Was oft vergessen wird – der Account einer Marke muss genauso authentisch, persönlich, nahbar oder gern zu verfolgen sein wie der eines Influencers. Niemand mag platte Produktposts, die sich mit Captions wie »Die neue A/W 2017-Kollektion ab morgen in den Stores« aneinanderreihen, oder Accounts, die sich lediglich auf Reposts beschränken, weil es an ihnen an Lust, Zeit oder Geld fehlt, eigenen Content zu produzieren. Wer folgt solchen Accounts gern?

Aber fangen wir mal weiter vorne an: beim Namen eines Brand-Accounts. Kürzlich sah ich bei einer Werbe-Story, wie eine Influencerin @tetrapak_dach in ihrer Story verlinkte. Dach? Ich checkte den Account-Namen, weil ich das nicht glauben konnte. Dass man bei einem multiglobalen Konzern mehrere Accounts bespielt und die auch irgendwie voneinander trennen muss, verstehe ich ja. Aber: Social Media muss auch sexy sein. Und »dach« als Abgrenzung zu anderen Accounts für Deutschland, Österreich und die Schweiz ist da wirklich die am wenigsten sexyste Variante, die man wählen kann.

12. Blogger-Freundschaften durchschauen

Ich hatte es letzten Herbst, dass erst meine gute Freundin Diana @doandlive für einen Job angefragt wurde, bevor die Firma mir schrieb. Wir wussten das, die Firma versuchte aber, uns mit »Eine andere Bloggerin will viel weniger Budget als du« gegeneinander auszuspielen.

Wenn ein paar Instagram-Freundinnen und ich die gleiche Anfrage bekommen, zum Beispiel für einen Shooting-Tag mit Insta-Story-Berichterstattung, tauschen wir uns durchaus mal über Neuigkeiten und neue Jobs aus. Es ist dann komisch rauszufinden, dass wir alle gleichzeitig angeschrieben wurden, Angebote eingeholt wurden und derjenige den Job bekommen hat, der am billigsten war. Eine Marke sollte die Branche verstehen. Wer kann mit wem? Wer kommentiert bei wem, wer ist befreundet? Wer kann mit wem nicht?

Diesbezüglich auf dem Laufenden zu sein, macht total viel Sinn, um tatsächlich ein Gefühl für Kooperationen zu bekommen. Instagrammer reden miteinander! Einen Tag vorher aus Budgetgründen absagen und dann einem anderen zusagen, der das Gleiche verlangt, wirkt sehr seltsam und zahlt nicht auf das Bild der Marke ein. Zu guter Letzt macht es oft keinen Sinn, befreundete Blogger anzufragen, da sie sich durch viele Verlinkungen eine ähnliche Followerschaft teilen.

13. Verschiedene Ansprechpartner vermeiden

Wenn ich eine Mail beantworte, gehe ich meist einfach auf den Antwort-Button, ungeachtet, wer da alles im CC ist, ich rede ja nur mit einer Person, nicht mit dem ganzen Büro. Manchmal gehe ich auch davon aus, dass Personen im CC sind, damit die wissen, dass die Kampagne gestartet ist, dass man auch wirklich arbeitet oder um sich am Ende nicht vorhalten lassen zu können, dass man X oder Y nicht angefragt hätte. Für den Gebrauch des CC gibt es die wildesten Gründe. Schon öfter bekam ich dann in Mails einen kleinen Nachsatz wie diesen: »Ps: Denk bitte dran, meine Kollegen Karsten, Christina, Nikola und Simon bei jeder deiner Mails mit ins CC zu nehmen! So ist bei Krankheitsfall jeder über alles informiert.« Prompt kam auch: »Hallo, X hat zwei Tage frei, ich bin Y und übernehme für diese zwei Tage!« Bei einer unbezahlten Fitness-Kooperation kam es neulich vor, dass mich drei Mitarbeiter immer und immer wieder das Gleiche fragten – einer über WhatsApp, einer per Mail und der Dritte rief mich immer wieder an. Ich verstehe, dass jedes Unternehmen sich anders organisiert, man vielleicht mal ein Wort zu wenig wechselt statt eins zu viel, aber Kommunikation und Professionalität erwarte ich dennoch. Mich damit zu beauftragen, alle Mitarbeiter zu informieren, halte ich für eine falsche Herangehensweise. Einem Influencer, warum auch immer, mehrere Ansprechpartner aufzuhalsen, führt zu Fehlern, Komplikationen und unnötigen Umwegen. Kommunikation sollte in jedem Fall kurz, einfach und präzise gehalten werden.

14. Ein Nein akzeptieren

Der Influencer weiß am besten, was auf seinem Channel funktioniert und welche Inhalte bei seinen Fans gefragt sind – nichts anderes machen ja Verlage oder Redaktionen: Sie sind ihren Lesern und Zuschauern verpflichtet. Marken und Agenturen sollten sich klarmachen, dass sich nicht jede klassische Kampagne eins zu eins mit Influencern verlängern lässt. Was PR-Berater dennoch oft ganz gut gelingt: Dich nicht wie einen gleichwertigen Businesspartner, sondern wie ein kleines Kind zu behandeln, wenn du Kritik an den Verträgen oder Absprachen äußerst. »Na ja, du scheinst noch nicht so viele Kampagnen durchgeführt zu haben, aber solch ein Vorgehen ist durchaus üblich«, lese ich dann als Antwort auf meine Änderungswünsche.

Das größte Risiko beim Influencer-Marketing trägt der Influencer selbst, denn erst seine Glaubwürdigkeit bei den Fans macht ihn zu dem, wofür ihn Marketiers schließlich engagieren. Geht die Reputation den Bach runter, weil Postings für Unternehmen wie Schleichwerbung – oder im Fall von Lena und der Netz-Neutralität[45] wie ein sehr, sehr großer Fettnapf – wirken, dann darf man nicht nur die Kampagne als gefloppt bezeichnen, sondern den Ruf des Influencers als ruiniert.

15. Briefings, Deadlines und Erwartungshaltung klar formulieren

Meist sagen mir Briefings nicht genau, was die Marke von mir erwartet. Details bleiben häufig offen. Soll ich meine neue Winterjacke in der vereinbarten Insta-Story sowohl an- als auch ausgezogen zeigen? Soll ich sie mit anderen vergleichen oder lieber keine anderen Modelle und damit Konkurrenten zum Vergleich heranziehen?

Ein Briefing ist nichts anderes als eine exakte Auflistung aller Erwartungen an die Kampagne. Das hilft sowohl dem Influencer als auch dem PR-Berater, um auf einen Blick alle Infos parat zu haben –

die Termine für Posting Preview und die Deadline zum Posten, alle Hashtags, relevante Kanäle. Was soll verlinkt werden? Was ist die Kernmessage der Kampagne, welches Ziel soll erreicht werden in Sachen Umsatz, Klicks, Aufmerksamkeit? – müssen im Briefing enthalten sein. Das Briefing nicht nur in ein paar Sätzen über ein paar Mails hinweg festzuhalten, sondern als Extra-PDF-Dokument anzulegen, ist dringend empfehlenswert. Wenn ich an einer Kooperation sitze und nur noch mal schnell einen Blick ins Briefing werfen will, suche ich einfach immer »die Mail mit dem Anhang« oder klicke das heruntergeladene PDF in meinen Downloads an.

Ich habe mal ein Briefing von 17 Seiten geschickt bekommen, das deswegen so lang war, weil von jedem teilnehmenden Influencer die Content-Idee aufgelistet wurde – zwar nicht kurz und knapp, sondern sehr ausführlich. Das war sehr gut, um zu sehen und zu verstehen, wie die Kampagne strukturiert wird. So verstand ich, wer was macht, wie die Posting-Termine sind, warum ich meinen zugeteilten Posting-Termin einhalten muss, auf welche anderen Influencer ich mich in der Kampagne beziehen kann, um vielleicht auch ihre Postings dazu zu teilen und zu kommentieren. Sowieso, finde ich, machen Auftraggeber viel zu viel Geheimnis darum, wer noch mitwirkt. Meist ist es dann erst zum Veröffentlichen eine gute oder schlechte Überraschung, wer noch beteiligt ist. Ich finde: Das könnte man nach fester Zusage auch vorher kommunizieren, weil man dadurch auch die Kommunikation unter den Influencern fördert.

Fazit

Daraus erschließt sich: Wenn man frei heraus duzt, den Influencer auf Augenhöhe behandelt, Namen draufhat, persönliches Interesse zeigt, Platz für Freiraum lässt, nach der Meinung des Kooperationspartners fragt, Kampagnen kreiert, die Spaß machen, die dem Influencer Mehrwert bringen, die es leicht machen, daraus guten Content zu kreieren, kann im Influencer-Marketing nichts schiefgehen.

Die Abwicklung von erfolgreichen Kampagnen

Sinnvolle Korrekturschleifen

Wenn drei Auswahlbilder für ein Insta-Posting zur Verfügung gestellt werden sollen, Porträts nicht ausreichen oder Ähnliches, ist das kein Problem – solange es im Briefing vermerkt ist. Wenn nach einem Shooting geschrieben wird: »Mir reicht ehrlich gesagt nicht, wenn die Kette nur im Porträtmodus zu sehen ist, könntest du sie noch mal Ganzkörper shooten?« Theoretisch könnte ich das, aber es würde uns allen das Leben erleichtern, hätte es bereits im Briefing gestanden.

Ich habe auch ein Problem mit Korrekturschleifen, in denen ein Bild grundlos abgelehnt wird, nach dem Motto »Mach lieber noch mal ein neues, aus Prinzip, sicher ist sicher«. Ich habe das Gefühl, da geht es weniger um die Qualität eines Fotos als mehr um das Mitspracherecht, das noch eingefordert wird, weil die Firma sonst das Gefühl hat, die Zügel bei der Kampagnenumsetzung zu sehr aus der Hand zu geben. Ich habe mir ja auch beim ersten Bild Gedanken bei der Umsetzung gemacht, mich mit der Message beschäftigt etc. Hätte ich irgendein anderes geschickt und das erst als zweites, wärt ihr zufrieden gewesen, da bin ich mir sicher.

Warum Influencer-Marketing mehr ist, als nur Verkäufe zu erzielen

Die meisten Unternehmen können es sich nicht leisten, jahrelang zu investieren, ohne Gewinne zu machen, so wie Zalando das getan hat, ein Unternehmen, das 2014 das erste Mal eine positive Gewinnbilanz erzielte. Das Ziel vieler Kampagnen ist also schlicht und einfach ein guter ROI, viele Leads. Dass Influencer-Marketing aber mehr ist als nur Verkäufe, ist auch der Grund, warum ich nur sehr selten reine Affiliate-Kampagnen eingehe. Affiliate bedeutet, 3 bis 10 Prozent des Verkaufserlöses als Provision abzubekommen, wenn über einen bestimmten Link oder Code gekauft wird. Man mag sagen: Aber dein Ziel ist es doch, Sachen zu bewerben, und dann werden durch dich Verkaufserlöse erzielt, ist doch im Sinne aller, dass du dann daran beteiligt wirst! Jein. Denn so eine Kooperation erwirkt noch viel mehr als reine Verkäufe. Am Beispiel Auto-Kooperationen: Wenn Farina von @novalanalove für den neuen Landrover oder Rolls-Royce wirbt, wird kaum einer von den 700.000 Personen, die sie erreichen kann, sofort ins nächste Autogeschäft stapfen und einen Kaufvertrag unterschreiben. Aber die Marke kommt ins Bewusstsein. Markenimages müssen langfristig aufgebaut werden. Minderjährige Follower von heute sind die erwachsene und kaufkräftige Kundschaft von morgen. Oder überzeugen heute schon ihre Eltern davon. Influencer-Marketing ist nie nur durch direkte Verkäufe zu tracken. Vielleicht erinnern sich manche ein halbes Jahr später an das Produkt und kaufen es dann. Man merkt es einem Blogger auch an, wenn er dringend auf Verkäufe aus ist, damit sich die Sache lohnt. Das wirkt verkrampft und führt zum genauen Gegenteil. Außerdem, was ist mit den Käufen, die ein Follower tätigt, bei denen er nur spontan einen anderen Link nutzt oder der Cookie verloren geht? Was ist mit Käufen, die offline im Geschäft getätigt werden?

Warum Posting Previews ganz nett sind, aber oft nicht funktionieren

Wer verlangt, dass Instagram-Captions vorab freigegeben werden sollen, will sich absichern. Wer verlangt, dass Instagram-Storys vorher freigegeben werden sollen, hat meiner Meinung nach den Job nicht in Gänze verstanden. Instagram-Storys passieren aus dem Moment heraus, sind nur authentisch, wenn sie direkt gepostet werden. Genau das antworte ich auch, wenn ich so einen Paragrafen in einem Vertrag finde. Dasselbe gilt für die Captions. »Der Inhalt des Beitrags darf während der Veröffentlichung nicht von der freigegebenen Fassung des Beitrags abweichen« findet sich zumeist im Vertrag. Doch wenn ich der Meinung bin, dass eine kleine Umformulierung dem Engagement sogar zuträglich ist, dann sollte der Inhalt sogar von der freigegebenen Fassung abweichen. Denn ich kann den Moment am besten einschätzen. Postings müssen aus Gefühlen und Stimmungen heraus entstehen, ja manchmal sich sogar einfach nach Temperatur und Wetter richten. Ein Post »Schon drei Tage Schietwetter, mit der Jacke XY bin ich aber bestens geschützt« macht genau an dem Morgen eben keinen Sinn, an dem die Sonne scheint. Dann muss ich ihn umformulieren dürfen, ohne gleich einen Vertragsbruch angehängt zu bekommen.

Das Zauberwort: Vertrauen. Als ich zuletzt bei einem Shooting-Tag mit Ortlieb deren Kanal als Take-over übernahm, wurde mir das Firmenhandy in die Hand gedrückt mit den Worten: »Mach mal, was du immer machst, wir sind uns sicher, du machst das gut«, eine Aussage, die beflügelt, selbstbewusst macht und zur Höchstform auflaufen lässt, und genau das ist es, worum es geht. Wenn man sich einen Influencer aussucht, dann ja wohl, weil man der Person vertraut, weil man Bildsprache und Persönlichkeit schätzt, weil man die Authentizität mag. Indem man jedes Wort vorher absegnen will, macht man genau das, was man sich eigentlich ausgesucht und eingekauft hat, wieder absichtlich kaputt, man verschlechtert quasi die eingekaufte Werbung und kriegt am Ende weniger für sein Geld.

Reporting und Erfolg einer Kampagne

Ich tausche Reichweite für ein Produkt gegen Bezahlung ein, denke mir etwas aus, kreiere und produziere, fotografiere und veröffentliche auf meinen Kanälen. Was ich dann komisch finde: Wenn nichts weiter kommt außer vielleicht ein »Rechnung übrigens dahin schicken, bye«. Sicher, ich will für meine Arbeit keinen Pokal per Post geschickt bekommen, aber ein kleines »Hey, danke für deinen schönen Content, uns hat es Spaß gemacht, unser Produkt aus deiner Sicht zu sehen« oder »Danke für die unkomplizierte Zusammenarbeit, bis zur nächsten gemeinsamen Kampagne« bricht doch wirklich niemandem einen Zacken aus der Krone. Nach der Kampagne außerdem nicht nur die Statistiken, sondern auch Feedback einholen, einfach mal beim Influencer nachfragen: Hast du das Gefühl, dass es sich gelohnt hat, oder was können wir besser machen?

Drei der schönsten Kampagnen, die ich je umgesetzt habe

Die schönsten Projekte, die ich je umgesetzt habe, sind die, bei denen mir Kreativität, Spielraum, Möglichkeit zum Storytelling und eine Begegnung auf Augenhöhe ermöglicht wurden. Die Projekte, bei denen ich ein Produkt in mein eigenes Leben authentisch einbetten durfte, freie Hand hatte und Vertrauen genoss.

Nur, wenn ich es will. Die Kampagne setzt sich für Selbstbestimmung und Aufklärung von Frauen ein, es geht darum, wie schwer es sein kann, zu lernen, auch Nein zu sagen und für sich selbst einzustehen. Ich habe unzählige Posts zum Thema geschrieben und nebenbei viel über mich selbst und meine eigene Entwicklung gelernt.

Meine Reisen nach Griechenland. Ich habe eine Kooperation mit einer griechischen Presseagentur, die mich immer wieder für neue Inseln anfragt. Das Ziel: den Tourismus weg von Mykonos und Santorini auf die vielen kleinen und unbekannten Inseln zu verlagern. So habe ich im Juni Tinos entdeckt und mich verliebt. Ich bin noch nie an so einem unberührten Ort gewesen.

Billy Boy, freie Fahrt für die Liebe. Ich mag Kampagnen, die sich nicht um plattes Produktplatzieren drehen, sondern eine Story erzählen. Billy Boy motzte einen T3-Bulli auf, der verlost wurde. Um an der Verlosung teilzunehmen, musste man die Packungen der Kampagne kaufen und sich die darin enthaltenen Klebetattoos aufkleben und auf Instagram teilen. Das waren keine Markenmotive, sondern Dinge wie »Wanderlust« oder ein Kompass, typische Freiheitstattoos eben. Die Aktion durfte ich mit völliger Freiheit und einem Shooting mit dem Bulli auf meinen Kanälen platzieren. Rund um den Bulli erzählte ich eine Geschichte von Freiheit, Festivals, Abenteuerlust, besten Dates und schönen Sonnenaufgängen in drei Blogposts und einigen Instagram-Bildern. Eine meiner liebsten Storytelling-Kampagnen.

Events

Ich war schon auf so vielen schönen Events mit unfassbar netten Verantwortlichen, solchen, die meinen Namen wussten, sich mit mir beschäftigt hatten und mich in den Abend einbanden, die mir einen Mehrwert lieferten, den ich in einem Post oder meiner Insta-Story an meine Follower weitergeben konnte. Events, bei denen es nicht einfach nur um Kaugummis ging, sondern ums Lächeln, um schöne Geschichten, um das Zusammenkommen in kleiner Runde und ums Kennenlernen. Nach so einem Event sehe ich eine Marke in einem ganz neuen Licht, plötzlich sind es für mich nicht »nur« Kaugummis oder nur Kaffee – sondern viel mehr, ein Lebensgefühl, ein neuer Favorit. Dann und nur dann haben es begeisterte Mitarbeiter geschafft, mich mit ihrem Feuereifer und ihrer Detailverliebtheit anzustecken. Genau diese Produkte sind es, die ich auch ohne jede Kooperation sofort und ständig in meiner Story zeige. Und genau das ist es ja, was man als Marke will – einen Influencer so von etwas überzeugen, dass er ein richtiger Markenfan ist, einfach nur aus Idealismus und Überzeugung, selbst ohne Kooperation. Als Influencer sorgt man dann automatisch dafür, dass alle die eigene Begeisterung mitbekommen. Das machen gute Events für mich aus.

Das Event, auf dem nur gelacht wurde

Events mit Lachen, Vorträgen und Inspiration: Gute Events sind für mich die, die mir praktisch den Mehrwert, die Story direkt mitliefern. Gute Events sind die, die selbst auf Storytelling setzen. Einfache Pressekonferenzen reichen nicht aus – denn als Blogger schreibe ich über Momente, Mehrwert, ich erzähle Storys, brauche einen »Hook«.

Das Event und die falsche Matheaufgabe

Das Event eines Technikherstellers gehörte nicht zu meinen schönsten Erlebnissen. Ich kam pünktlich und wurde an der Tür mit einem »Und du bist …?« begrüßt. Nicht, dass ich einen roten Teppich brauche, aber dass der Verantwortliche sich merkt, wen er einlädt und wer zusagt, gehört für mich dazu. Wohlgemerkt: Zu solchen Events sind meistens zehn bis dreißig Influencer geladen, keine 100. Sich mit der Gästeliste nicht zu beschäftigen, ist da am falschen Ende gespart.

Der Abend war ganz lustig. Vor allem war er darauf ausgerichtet, drei Teilnehmer eines der neuen Hightechelektrogeräte gewinnen zu lassen. Meine Küche war ausreichend ausgestattet, aber ich machte dennoch gerne beim Gewinnspiel mit, vielleicht ja für meine Mama oder meinen Freund. Ich fand die Verlosung via Quiz eine schöne Idee, mit der auch vorher auf den Eventeinladungen schon eingehend geworben wurde. Ich liebe Quizsituationen! Die Quizfrage, die man beantworten musste, war eine leichte Dreisatz-Aufgabe, man sollte die Einsparung des Modells gegenüber seinen Vorgängern berechnen und die Differenz dann in Energiesparlampen umrechnen. Ich rechnete aus, hatte das Gleiche raus wie die meisten an meinem Tisch und steckte meinen Lösungszettel in den Topf. Als dann nach drei miniaturhaften Gängen verlost und die Gewinner bekannt gegeben wurden, fiel mir ein bisschen die Kinnlade runter: Als Gewinner wurden genau die drei verkündet, die die Aufgabe falsch angegangen waren, wir hatten uns vorher über falsche und richtige Lösungswege in der Runde unterhalten. Man konnte ringsum die Verärgerung und Frustration in den Gesichtern sehen – es ist frustrierend, wenn der Hook des Events ist, ein technisches Gerät zu gewinnen, man aber mit der richtigen Lösung keine Chance hat, weil der Eventveranstalter ein falsches Ergebnis als Gewinner kürt. Fehler sind menschlich, das kann ja passieren – weswegen ich direkt nach der Verkündung die Veranstalterin darauf aufmerksam machte. Die mich abwies, mit den Worten, dass ich keine Ahnung hätte und sie sich jetzt nicht kümmern könnte, ich solle doch noch einmal aufschreiben, was mich stört. Meine Nachfragen nach einer Richtigstellung per Mail wurden ebenso konsequent ignoriert. Lieblose Goodie Bags, die 08/15-Dusch-Geschenksets waren und nichts mit der Marke zu tun hatten, waren schließlich der Abschluss eines seltsamen Abends. Normalerweise bekommt man noch jede Menge Pressematerial auf Sticks oder zur Marke passendes Zubehör zugeliefert. Fehlanzeige – aber ich hätte sowieso nichts mehr darüber berichten wollen. Das Event und die falsche Matheaufgabe kann ich nur mit einem Wort beschreiben: frustrierend.

Das Event und die witzigen Wichtelgeschenke

Hamburg, Ottensen, alles weihnachtlich und goldfarben geschmückt. Ich nannte meinen Namen, wurde abgehakt, brachte meine Jacke weg und holte mir einen Drink an der Bar, um mir einen groben Überblick zu verschaffen. Schnell machte ich eine Instagrammerin aus, von der ich selbst großer Fan war. Dafür sind Events super: Kontakte knüpfen, die Branche besser kennenlernen und sich bei der Umsetzung des Beitrages helfen.

Wir trugen alle Namensschilder, damit man leichter ins Gespräch kommt. Ich war noch nie auf einem Event, das so unanonym war, auf dem die Blogger sich so gut untereinander kennengelernt haben, auch, weil man einen bewichteln musste. Es war ein weihnachtliches Event, es gab einen Vortrag übers Schenken, Geschenkideen, einen Verpackungsworkshop und Wichteln. Wir hatten vorher per Mail einen Wichtelnamen bekommen, für den wir für einen kleinen Beitrag etwas vorbereiten sollten. Wir kannten uns zum Großteil nicht, aber da es ja alles Blogger waren, war es ein Leichtes, sich einen Einblick zu verschaffen. Vorlieben wurden gecheckt, und am Ende die Wichtelgeschenke untereinander getauscht.

Das Event ohne Essen

Das Event auf einer abgelegenen Ostseeinsel ist auch eins, an das ich mich »sehr gerne« zurückerinnere: Irgendwer scheint einmal das Gerücht gestreut zu haben, dass Influencer gar nichts essen, und falls doch, dann ausschließlich Smoothies. Anders kann ich mir das folgenden Event aus dem letzten Sommer nicht erklären. Ich wurde spontan auf eine abgelegene Ostseeinsel eingeladen und bezahlt – inklusive Übernahme der Anreisekosten. Ich buchte mir den Zug, der Event fand schon zwei Tage später statt und sollte von 12 bis 18 Uhr gehen. Klang super. Um 8 Uhr ging mein Zug, ich schaffte es morgens nicht mehr zu essen und holte mir am Hauptbahnhof nur schnell einen Kaffee. Halb zwölf kam ich, merklich hungrig, beim Event an und fand: Smoothies. Und ein bisschen Obst. Ich machte mich darüber her, um wieder halbwegs klar denken zu können, und ging dann meinem Job auf dem Event nach: ein Interview führen, Content sammeln, Fotos machen und ein paar Notizen für den Post. Die Eventlocation war nur ein Pavillon am Strand, es war ein sehr kalter Sommertag, verregnet, und es pfiff ein eisiger Wind. Die Rückfahrt war erst für 18 Uhr gebucht. Es wurde später, ich fertig mit meinen To-dos, hatte alles, was ich brauchte, mein eigenes Wasser ging auch langsam alle. Vorsichtig fragte ich nach, ob Essen für den Tag eingeplant wäre, und die nette PR-Beraterin, die mitgereist war, verwies mich lächelnd auf die Smoothies. Mir knurrte inzwischen für jedermann laut hörbar der Magen. Ich hielt es bis 16 Uhr aus, dann verabschiedete ich mich und bestellte mir ein Taxi zurück zur Bahnstation. Unterwegs bestach ich den Taxifahrer, bei McDrive vorbeizufahren, und wir holten uns gemeinsam Pommes und süßsaure Soße.

11. Die zehn komischsten Anfragen, die ich je bekommen habe

Ich bekomme am Tag ungefähr zehn bis 30 Anfragen, eine Tatsache, für die ich unfassbar dankbar bin. Wie cool ist es, wenn Marken und Agenturen von deinem Tun überzeugt sind und mit dir arbeiten wollen? Manche Anfragen sind spannend, manche voller Kreativität, andere amüsant oder zum Haare-Raufen. Unabhängig von den vielen guten Beispielen möchte ich hier den Fokus auf zehn No-Go-Beispiele legen, weil man aus solchen bekanntlich am besten lernen kann und weil ich glaube, dass das sehr unterhaltsam ist. Wir klicken uns mal gemeinsam durch mein E-Mail-Postfach!

1. Wir haben Schuhe, aber nicht in deiner Größe!

> *»Hallo Luise, hier kommt eine tolle neue Schuh-Brand! Wir sind ein Start-up und haben uns im letzten Sommer gegründet. Du darfst dir gerne Schuhe bei uns aussuchen, aktuell haben wir unsere Schuhe in 37 bis 40. Falls das nicht deiner Schuhgröße entspricht, kannst du die Schuhe ja ohne Anziehen inszenieren, zum Beispiel mit ein paar Blumen daneben drapiert. Genauso kannst du sie in dein Regal stellen mit Magazinen oder vielleicht draußen irgendwo ablichten – ich bin sicher, da fällt dir etwas Schönes ein! Du selbst musst gar nicht in den Schuhen stecken, wenn das nicht passt. Eine Produkt-only-Ablichtung ist für uns völlig fein! Meld dich gerne mit deiner Wunschfarbe und wir besprechen die Details deines Postings.«*

Ich hatte Influencer-Marketing so verstanden: Werbung machen für Dinge, die ich selbst eh benutze. Die ich getestet habe, die mich überzeugt haben. Bei Schuhen könnte ich hervorheben, dass sie bequem oder praktisch sind, einen schönen Fuß machen oder gut zu meiner Lieblingsjeans aussehen. Wie soll ich das denn mit Schuhen machen, die es nicht in meiner Größe gibt, sie fotografieren und als Deko ins Regal stellen? Wirklich? Nicht, dass es schlimm wäre, dass Start-ups noch nicht alle Möglichkeiten anbieten können, aber das kann man auch anders lösen, zum Beispiel: »Falls du eine der Schuhgrößen hast und an einer Zusammenarbeit interessiert bist, freuen wir uns über deine Rückmeldung, ansonsten melden wir uns bei dir, sobald wir breiter aufgestellt sind!«

2. Ein genialer Gutschein

> *»Hallo Luise, hier ist X, wir produzieren Y. Wir wissen, du kriegst viele Mails, deswegen halte ich es kurz. Wir haben einen super Deal für dich: Du darfst dir aus unserem Shop etwas für 20 Euro aussuchen und ZUDEM noch einen genialen 20-Prozent-Gutschein für deine Follower abstauben. Na, wie klingt das? Als wäre das noch nicht gut genug, kannst du mit deinem Blogpost an einem Gewinnspiel teilnehmen – der schönste für uns erstellte Blogpost gewinnt einen weiteren Gutschein über tolle 50 Euro und wird außerdem auf unserer Facebook-Seite gefeaturt, die pure Win-win-Situation. Bist du dabei? Wir freuen uns über deine Zusage!«*

2011 hätte ich über so eine Anfrage vielleicht nachgedacht, 2014 hätte ich herzhaft darüber gelacht, aktuell kann ich nur feststellen, dass jemand, der solche Anfragen verschickt, die Branche in keiner Hinsicht verstanden hat. Gutscheine sind schön, aber auch mein Vermieter lässt sich nur ungern damit bezahlen, und ich glaube, dass das Gegenüber auf der anderen Seite der Mail auch nicht für 20 Euro einen halben Tag arbeitet. Schon ein neuer Blog kann für einen Blogbeitrag mit mehreren Backlinks mindestens 100 Euro verlangen, da Links die Währung sind, mit denen im Internet gehandelt wird. Fehlendes Budget und wie es mit Gutscheinen schöngeredet wird, ist nicht nur ein Sinnbild fehlender Wertschätzung, allein diese Art, zu formulieren, ist für mich der absolute Sympathie-Downer.

3. Das Festival, das leider für mich nicht stattfand

> *März 2016: »Hallo Luise, hier ist X. Wir statten Festival Y dieses Jahr mit Influencern und Klamotten aus. Hast du Lust, dabei zu sein? Dann gib mir doch gerne alle deine Details durch, Verfügbarkeit, Lieblingsoutfit, Kleidungsgröße. See you there!«*

> *August 2016: »Ach, hallo Luise! Oh, gut, dass du fragst, wir haben zu viele angefragt, wir müssen dich leider vertrösten, nächstes Jahr klappt es bestimmt!«*

Ich schob die Mail in meinen Kooperationsordner, sagte meiner Freundin, dass das mit dem mittlerweile ausverkauften Festival nicht klappte, und dachte nicht weiter drüber nach. Bis ich mich ein Jahr später erinnerte, dass ich auf 2017 vertröstet worden war. Das Line-up war großartig, also fragte ich ein paar Monate vorher noch einmal an. Die Agentur der Brand antwortete mir, dass sie sich um Karten kümmern würde, und fragte nach meiner Größe für Jacke und Shorts. Ich gab alles durch, bedankte mich und freute mich auf ein tolles Festival-Wochenende, bis dann leider gar nichts mehr passierte. Ich fragte nach, ein paar Wochen später, drei Wochen vor dem Festival noch mal. Drei Tage vor dem Festival bekam ich auf meinen erneuten Reminder eine Antwort: »Hi Marie, süß, dass du so gerne da hinwillst, hatten wir jetzt gar nicht auf dem Schirm. Sorry, dieses Mal wird es wirklich nichts, nächstes Mal denken wir mit Tickets an dich!« – »Süß?« Hundewelpen sind süß, Schokolade ist süß. In dem Zusammenhang aber fand ich die Behandlung und als »süß« bezeichnet zu werden absolut unpassend. Ich stellte eine Kooperationsanfrage, ohne Budget, nur Tickets und vielleicht Klamotten-Samples auf einer früheren Absprache aufbauend, und als ich dann nachfragte, wie es mit unserer Abmachung stehe, war ich »süß«. Für mich der Gipfel von fehlendem Respekt und Professionalität. Kannste dir nicht ausdenken!

4. Unser Kunde möchte leider nicht, dass du kennzeichnest!

> *»Hallo liebe Marie Luise, hier ist Sabrina von Agentur X, wie geht es dir? Ich möchte dir gerne einen aktuellen Auftrag von unserem Kunden Y vorschlagen. Es handelt sich um einen Artikel, in dem du unseren Kunden erwähnst. Hättest du Lust und Zeit? Hier habe ich mal die wichtigsten Eckdaten zusammengefasst:*
>
> *Linkziel: Marke X.de und/oder Produkt oder Kategorielink*
> *Linktext: Marke X, hier oder die konkrete URL*
> *Vergütung: 200,00 Euro Netto*
> *Veröffentlichung: bis zum 29. 08. 2017*
>
> *Das konkrete Thema kannst du dir sehr gerne selber aussuchen. Der Post sollte ganz natürlich sein und gar nicht werbender Natur. Bitte verwende keine harten Linktexte mit Moneykeywords wie: Schuhe, Badehose etc. Bei diesem Auftrag sind Dofollow-Links gewünscht. Wichtig ist, dass der Artikel ca. 700 Wörter hat. Ach, und eh ich es vergesse, unser Kunde verzichtet gerne auf eine Werbekennzeichnung, da es so authentischer aussieht. Ich freue mich sehr auf dein Feedback!«*

Die Mails von der Agentur bekomme ich seit 2011, in genau dem Wortlaut, mit genau dem Budget. 2011 hatte trotz Gesetzen tatsächlich noch niemand darauf geachtet, ob man kennzeichnet oder nicht. Das Internet und Blogger, die dort Geld verdienen, waren viel zu neu. Landesmedienanstalten haben sich um andere Dinge gesorgt, Anwälte auch und das Finanzamt sowieso, da musste man ihnen den Begriff »Blogger« noch erklären, da es ihn im System nicht gab. 2017 aber bin ich verstört. Das kann doch niemand mehr ernst meinen in Zeiten, in denen Firmen für die Kennzeichnungsfehler ihrer Influencer vor Gericht auf Millionenhöhe verklagt werden?

Argwöhnisch antwortete ich und duckte mich ein bisschen hinter meinem Laptop, weil ich dachte, dass ich bei der versteckten Kamera bin; wäre das eine Voicemail gewesen, hätte ich geflüstert: »Im Ernst?« Abgesendet.

Zehn Minuten später bekam ich von Sabrina eine Antwort, dass der Kooperationszeitraum, falls ich es nicht so schnell schaffen würde, natürlich gerne noch nach hinten ausgehandelt werden könnte. Sie war echt! Und lebte! Und meinte diese Mail völlig ernst, im Jahr 2017! Ich war darüber so perplex, dass ich völlig vergaß zu antworten. Bis Sabrina sich eine Woche später wieder meldete, ob ich schon über ihr Angebot nachgedacht hätte. Mein perplexer Zustand erweiterte sich nur noch. Sabrina, falls du das liest: Nein, einfach nein.

5. »Filterkaffee-Liebe«

Den Großteil meiner Anfragen sage ich aufgrund der Masse ab. Weil etwas nicht zu mir passt, weil es nicht zu meiner sehr klar definierten Zielgruppe passt, weil ich schon alle meine Werbeplätze vergeben habe, erst kürzlich mit einem Konkurrenzprodukt kooperiert habe oder mir gerade nicht danach ist, schon wieder ein gesponsertes Food Diary zu machen. Die Gründe können vielfältig sein. So sagte ich auch die Anfrage eines Unternehmens für Filterkaffee ab, weil ich eine andere Kaffee-Kooperation habe und vor allem, weil ich selbst keinen Filterkaffee trinke. Daraufhin kam zurück:

> *»Hi Luise, schade, dass du absagst, ich hatte jetzt fest auf dich gebaut, vor allem weil der Schedule langsam knapp wird! Ich bin sicher, du kannst auch aus diesem Produkt etwas Span-*

nendes machen, wollen wir noch einmal gemeinsam dazu brainstormen? Die Koop ist auch nur für einen kurzen Zeitraum von zwei Wochen exklusiv, anschließend kannst du dich ja wieder deinen üblichen Kaffeeprodukten zuwenden. Wie klingt das?«

Übersetzt bedeutete die Mail für mich: »Ist doch völlig egal, ob das jetzt authentisch platziert ist oder nicht, ich muss bis heute Abend jemanden in petto haben, also sag bitte trotzdem Ja, okay? Wir kriegen das schon irgendwie hin, kurz und schmerzlos, und vergessen dann, was wir da gepostet haben.«

Influencer-Marketing ist nicht wie Pflasterabreißen, kurz und schmerzlos irgendwas posten, bestenfalls ist es durchdacht. Mit großem Markenfit. Mit perfekter Zielgruppe. Mit definierten Kampagnenzielen und entsprechendem Return of Investment. Hier scheinbar nicht.

6. Ach schade, ich dachte, du bist so spontan!

»Liebe Luise, bist du bereit für den Run des Jahres? Im Rahmen der #RUNXXX Kampagne von X würden wir dich gerne zu einem einzigartigen Lauferlebnis am 20. September 2017 einladen! Es wird ungewöhnlich, anstrengend und aufregend! Gemeinsam mit dem X-Team und vielen internationalen Gästen geht es am Mittwoch um 16:30 Uhr am Moritzplatz zu einer Secret Location. Ausgestattet mit Gear und Motivation, starten wir zusammen in ein Running-Event der besonderen Art. Wer bis zum Ziel durchhält, wird mit Drinks, Food und einem special Live Act belohnt. Willst du mit dabei sein? Wir freuen uns über Dein Feedback so schnell wie möglich.«

Ich weiß, das Leben ist spontan und lustig, aber oft fühle ich mich nicht ernst genommen, wenn ich Dienstagabend eine Anfrage für einen Lauf am Mittwoch bekomme, bei der die E-Mail nicht einmal aussagt, in welcher Stadt dieser Moritzplatz sein soll. Eine kurze Recherche ergab nämlich, dass Hamburg keinen Moritzplatz hat – wovon ich eigentlich ausging, wenn eine Mail so spontan reinkommt. Auch Anreisekosten oder Ähnliches wurden nicht erwähnt. Wurde hier nur eine Quote erfüllt à la »Christine, du musst die Mail heute noch an 100 Influencer rausgeschickt haben, ist das klar?«. Ich werde es nie erfahren.

7. Wir schreiben deinen Artikel!

> *»Sehr geehrte Frau Ritter, wir sind eine Textagentur, die hochwertige Texte für Ihre Seite bereitstellt, in denen wir für unsere Kunden werben. Die Werbung geschieht dabei absolut unterschwellig. Bitte fordern Sie entsprechende Texte und Preise dafür bei uns an.«*

Der Evergreen der komischen Anfragen, jede Woche wieder dabei, jede Woche erneut für einen Lacher gut: Textagenturen, die mir anbieten, Artikel für meinen Blog zu schreiben. Wahrscheinlich wird die Anfrage einfach an alle Webseitenbetreiber rausgeschickt, so spamartig, dass sie keinen persönlichen Bezug zu meiner Seite haben. Nur ich, niemand sonst, schreibt meine Artikel, das ist natürlich klar.

8. Beef-Anfragen für Vegetarier

> *»Für unsere Kampagne evaluieren wir gerade Influencer in Deutschland, die Lust auf eine Kooperation hätten. Da uns dein toller Account und dein Faible für Food aufgefallen ist, wollten wir dich fragen, ob du Lust hättest, bei der Kampagne mitzumachen. Es geht dabei um eine Petition, die sich für die Herkunftskennzeichnung von Geflügelfleisch in der Gastronomie einsetzt.«*

Ich ernähre mich seit meiner Kindheit vegetarisch. Das muss niemand wissen, aber man kann immer versuchen, beim Influencer Zusammenhänge zu seinem Produkt zu erkennen. Hat die Influencerin schon jemals Food-Fotos mit Fleisch gepostet, sodass man davon ausgehen kann, dass sie so etwas unterstützen würde? Das Thema Fleisch kann man dabei auf alle anderen Lebensbereiche übertragen. Ich kriege wöchentlich Anfragen für technische Reviews, dabei habe ich von Technik keine Ahnung. Klingt zu naheliegend, aber ein guter Tipp ist immer, betreffende Wörter zusammen mit den Account-Namen in die Google-Suche einzugeben. Credo: mehr Recherche, ergo persönlichere Anschreiben und weniger unkontrollierte Mail-Aussendungen. Wenn du ein Influencer bist, frag dich: Habe ich vielleicht nicht klargemacht, wofür ich stehe? Kann ich auf meiner Impressumsseite in zwei Sätzen eingrenzen, an welchen Themen und Kooperationen ich interessiert bin?

9. Quasi kein Aufwand!

Irgendwann im Sommer bekam ich eine Mail von jemandem, der in Süddeutschland ein Laufevent für den guten Zweck organisierte. Ich prüfte meinen Terminkalender, sah, dass das Wochenende schon voll war, und sagte am selben Tag noch ab, um nicht die Planung mit meiner fehlenden Antwort aufzuhalten. Sekunden später kam eine Mail, dass es doch aber kein Aufwand sei und er sicher sei, dass ich das noch hinbekommen würde. Ich sollte, fand ich dann heraus, mitlaufen, meine Anreise und Unterkunft selbst finanzieren und einen Wertgegenstand spenden, der für den guten Zweck verlost werden würde.

> *»Sehr geehrte Frau Ritter, leider konnte ich mich bisher immer noch nicht über eine kurze Antwort von Ihnen freuen. Schade. Sieht so aus, als wären Sie wirklich sehr beschäftigt. Gibt es vielleicht jemand anderen in Ihrem Team, der sich mit Fundraising und Unterstützung der guten Sache beschäftigt?*

Sollten Sie einfach kein Interesse haben, so ein gutes Projekt und den Lauf zu unterstützen, ist das absolut in Ordnung. In diesem Fall wären wir aber trotzdem über eine kurze Rückmeldung dankbar, dann nehmen wir Sie aus unserer VIP-Liste heraus. Wie gesagt, das Ganze wäre für Sie – von den ein bis zwei Posts abgesehen, die wir gerne vorbereiten – mit keinem Aufwand verbunden. Sie müssten nur einen kleinen Preis stiften (zum Beispiel eine Handtasche etc.). Ich freue mich, wieder von Ihnen zu hören.«

Am nächsten Tag kam noch eine Mail, ob er mit mir planen könnte, die Woche darauf eine, dass er enttäuscht von mir sei. Der gute Herr und ich, wir hatten uns noch nie im Leben getroffen, und doch hatte ich es geschafft, ihn zu enttäuschen. Obwohl ich längst abgesagt hatte.

10. Schönheits-OP-Blogparade

Mein Highlight aus der letzten Zeit: Die Einladung, an einer Blogreihe zur Enttabuisierung von Schönheits-OPs teilzunehmen:

»Diese Veranstaltung dient als ein Wissens- und Diskussionsnetzwerk zu dem Thema Fashion & Beauty-OPs. Das bedeutet, dass Blogger mit verschiedenen Ideen zusammenarbeiten, um die Leser zu inspirieren und zu motivieren. Makellos durch die Nacht in Berlin mit Botox und Co. – der Beauty Doc macht es möglich. Was in der High Society oder in der Film- und Musikbranche längst akzeptiert ist, kommt nun auch im Modelbusiness an. Berlin macht es vor. Auf der diesjährigen Fashion Week in Berlin war das Highlight dann auch die Botox-Bar, an der man sich kostenlos Botox spritzen lassen konnte ... «

Mein Job an dieser Stelle: zeigen, dass Korrekturen etwas ganz Normales und Erstrebenswertes seien. Meine Nachfrage an die Agentur, ob das ihr Ernst sei und wie sie sich das genau vorstellen und mit Moral- und Wertvorstellungen sowie Vorbildfunktion der sehr jungen Zielgruppe vereinen können, blieb leider unbeantwortet.

12. Fazit

Was wird die Zukunft bringen?

An eine Blase, die bald platzen wird, an ein schnelles Ende des Hypes glaube ich nicht. Ein Sterben von Instagram wird schon lange prophezeit. Die App, die es seit sieben Jahren gibt und der seit fünf Jahren ein baldiges Ende durch eine neue App vorhergesagt wird, steigert weiterhin monatlich die eigenen Nutzerzahlen. Es gibt einfach eine Verschiebung der Medien. Influencer, die sich jetzt fest etabliert haben, werden auch weiterhin erfolgreich bleiben und weiterhin ihre Geschichte erzählen können, auf welcher Plattform auch immer.

Ich persönlich bin der Meinung, dass Blogs dennoch wichtiger sind als Instagram und immer wichtig bleiben werden: Kooperationen können langfristig gefunden werden, über Google gut gerankt und über Pinterest und Social Media verlängert werden. Auf Blogs gehört einem alles selbst, was man postet – wenn man auf Instagram oder Facebook postet, gibt man damit die Rechte des Bildes an Facebook ab, man befindet sich ja nicht mehr auf seiner eigenen Plattform, sondern auf einer anderen Plattform mit eigenen Regeln. Vielleicht ist WhatsApp das nächste große soziale Medium? Heute verschicken manche schon Newsletter oder Podcasts. Mitte 2017 nutzten schon mehr Menschen die Storys-Funktion von WhatsApp als die von Snapchat.[46]

Warum Snapchat nicht funktioniert hat

Facebook hat nach einem fehlgeschlagenen Kauf von Snapchat deren Alleinstellungsmerkmal, die Storys-Funktion, einfach kopiert und sie so redundant gemacht – sowohl Facebook, Instagram als auch WhatsApp haben inzwischen die Möglichkeit der Live-Kommunikation. Seither verzeichnet Snapchat monatlich neue Allzeittiefs an der Wall Street, wird inzwischen nur noch von der Anfangszielgruppe genutzt: den 13- bis 17-Jährigen. Das Einzige, was noch lockt, sind witzige Stimmenverzerrer und die Anonymität. Influencer, Medienmacher und große Player, die die App zwischendurch für sich entdeckt hatten, sind alle verschwunden und zu Insta-Storys gewechselt. Vor allem, weil es neuen Usern auf Snapchat unmöglich ist, dich zu entdecken, wenn sie deinen genauen Nutzernamen nicht kennen. Auf Instagram schlägt der Algorithmus die eigenen Postings und Storys neuen Nutzern vor, die noch nicht folgen – es ist so viel einfacher, die eigene Reichweite zu erhöhen. Außerdem fehlte bei Snapchat die Vergleichbarkeit – Influencer-Marketing ist oft einfach nur ein Messen mit der größten Reichweite, die bei Snapchat immer im Verborgenen blieb.

Wer wird sich durchsetzen?

Im Jahr 2027 wird ein Drittel der Menschheit der Generation Z angehören, geboren zwischen 1998 und 2016. Der demografische Wandel ist der zentrale Treiber zu zukünftigen Konsumwelten. Die Wertevorstellungen dieser jungen Zielgruppe haben sich auf digitalen Plattformen herausgebildet. Entsprechend wird ihr Einkaufsverhalten geprägt von sozialer Gerechtigkeit, Klimaschutz und Individualität.

Wie wird sich das Influencer-Marketing in den nächsten Jahren verändern?

> *»Wenn es heißt, Rettet das Influencer-Marketing, muss die Frage lauten: Wie viel Initiative muss da vom Influencer aus-*

gehen? Und wie stark muss die Professionalisierung aus der Ecke kommen, in der die Budgets, die Ideen und die Kreationen verortet sind?«[47]

Simon Staib, Gründer von Blogfoster

Wie jede junge Branche leidet die Influencer-Szene noch an einigen Kinderkrankheiten, die in den nächsten Jahren ausgemerzt gehören: Eine Welle der Professionalität steht bevor. Influencer-Marketing wird definitiv weiterexistieren – vor allem, weil Alternativen fehlen, um Generation Y und Z zu erreichen. Sowohl Unternehmen als auch Social-Media-Stars sind in der Pflicht: Marken müssten ihre internen Prozesse und Strukturen auf die Zusammenarbeit mit Influencern ausrichten, sprich: flexibler werden. Die Influencer hingegen sollten darauf achten, die Qualität ihres Contents den Anforderungen der Werbungtreibenden anzupassen. »Ich glaube, dass sich auf Dauer die durchsetzen, die weiterhin so professionell arbeiten und sich immer wieder informieren. Wichtig ist, dass die Unternehmen und Agenturen erkennen, worauf es bei der Arbeit mit Influencern ankommt.« Nämlich: Markenfit und langfristige Beziehungen statt Reichweite und Gießkannenprinzip.[48]

Die Branche muss nachhaltigere Mechaniken installieren. Feste Meinungsmacher für Marken sind im Influencer-Marketing der nächste wichtige Schritt: fixe Botschafter oder Testimonials, die für längere Zeit gebunden und dafür gut bezahlt werden. Für Influencer entfällt mit einem bis drei monatlichen festen Kooperationspartnern, zum Beispiel einer Food-Marke, einer Fitnessmarke und einer Kaffeemarke, die Suche nach neuen Partnern und die Unsicherheit der Selbstständigkeit durch regelmäßige Vergütungen. Marken können sicher sein, sobald sie glaubwürdige Influencer identifiziert haben, dass ihre Botschaft authentisch und mit Liebe transportiert statt abgearbeitet wird. Für Influencer entfällt das Risiko, Authentizität und Seriosität zu verlieren, weil sie jeden Tag etwas Neues in die Kamera halten. Zwischen Influencer und Agentur- oder Unternehmensverantwortlichen entwickelt sich eine enge und bessere Bindung, eine persönliche Ebene, die auch dazu beiträgt, dass die Qualität der Kooperation ein neues Level erreicht. Die besten Kooperationen setze ich mit jenen Unternehmen um, die an mich glauben, meine Meinung erfragen, mit denen ich vertrauensvoll und auf Augenhöhe zusammenarbeite. Gemeinsam machen wir das Beste möglich.

Influencer müssen von dem Ruf wegkommen, kritisch, anstrengend und narzisstisch zu sein. Die Arbeitsmoral, Zuverlässigkeit, das Verschwitzen von Deadlines und ungenügende Lesen von Briefings werden bemängelt. Deswegen geschieht eine Eingrenzung des kreativen Freiraums und der zig Paragrafen und knebelähnlichen Vertragsklauseln, was letztlich genau das Gegenteil bewirkt als eine Verbesserung und Professionalisierung der Zusammenarbeit.

Hast du dich mal für dich selbst gefragt: Was, wenn du auch in einem Jahr nicht die 1.000 Follower knackst? Sieh es als autodidaktischen Kurs, indem du dich selbst forderst, deine Kenntnisse in Fotografie, Bildbearbeitung, Videoschnitt, Webdesign oder Organisation und Management zu testen. Sieh es als Herausforderung, als Challenge oder einfach als Versuch. Sieh es als Möglichkeit, dein Hobby über einen Blog und Instagram zu einem richtigen Beruf zu machen.

Überleg außerdem, ob du vielleicht »nischiger« werden solltest. Nischen-Influencer sind Spots, die bis dato noch fast unbesetzt sind. Jeder hat diese eine Sache, die ihn so richtig interessiert. Historische Kriege, umweltfreundliche Geschenkverpackungen, Konzertberichte, Persönlichkeitsentwicklung, Bücher oder Angeln. Warum nicht nur darauf seinen Blog ausrichten?

Ich wünsch dir Elan, Durchhaltevermögen, ein Händchen fürs Jonglieren und Ästhetik und viele kreative Ideen.

Anmerkungen

1 http://www.new-business.de/medien/detail php?rubric=MEDIEN&nr=684139

2 https://www.wuv.de/digital/glossier_ceo_emily_weiss_jeder_kunde_ist_ein_influencer

3 http://www.horizont.net/marketing/kommentare/Umbruch-auf-dem-Talent-Markt-Warum-Influencer-die-Models-von-morgen-sind-160041

4 http://www.lern-psychologie.de/kognitiv/bandura.htm

5 http://www.lead-digital.de/aktuell/mobile/das_sind_die_vorteile_der_mikro_influence

6 http://www.maclife.de/news/influencer-marketing-rueckkehr-glaubwuerdigkeit-10077866.html

7 https://www.adzine.de/2017/06/weibliche-dominanz-unter-influencern-auf-instagram/

8 https://twitter.com/jakuuub/statuses/469745833811140608

9 http://www.futurebiz.de/artikel/warum-influencer-marketing-keine-wissenschaft-ist/

10 http://www.wz.de/home/panorama/influencer-der-neue-traumberuf-1.2543084

11 http://www.amazedmag.de/oh-influencer-verdienen-so-viel-geld

12 https://www.welt.de/satire/article169847411/Aerzte-raten-dringend-zur-Influencer-Schutzimpfung.html

13 https://www.zenithmedia.com/wp-content/uploads/2017/03/Adspend-forecasts-June-2017-executive-summary.pdf

14 http://www.moz.de/artikel-ansicht/dg/0/1/1592307

15 http://www.masha-sedgwick.com/de/stolz-vorurteil/

16 http://finetraveltaste.blogspot.de/2017/11/70-der-instagramer-betrugen.html

17 Tom Curley, The Associated Press, auf der Online News Association Conference, 12.11.2004.

18 Wolff, P. (2006). Die Macht der Blogs.

19 Wolff, P. (2006). Die Macht der Blogs.

20 Reiter, M. (2010). Dumm 3.0: Wie Twitter, Blogs und Networks unsere Kultur bedrohen.

21 http://www.independent.co.uk/life-style/instagram-mistakes-wannabes-milky-ways-blueeyes-fashion-blogger-perfect-photos-claire-marnette-ysl-a7646846.html

22 http://www.sueddeutsche.de/digital/nach-der-milliarden-uebernahme-was-face-book-mit-instagram-anfangen-kann-1.1328764

23 http://www.bento.de/style/caro-daur-ich-habe-versucht-wie-die-instagram-influ-encerin-zu-leben-1843283/

24 http://fabulousricci.com/kolumne-von-virtuellen-welten-und-social-media-kriti-ken/

25 http://www.cosmopolitan.de/leonie-hanne-von-ohh-couture-wenn-ich-etwas-mache-dann-mache-ich-es-immer-aus-leidenschaft-75029

26 http://www.weareinlovewith.com/2016/05/behind-scenes-instagram-1x1.html

27 https://netzwirtschaft.net/interview-mit-marie-von-den-benken-model-autorin-influencerin/

28 http://fashiioncarpet.com/tipps-und-tricks-fuer-erfolgreiche-blog-kooperationen/

29 http://luiseliebt.de/2016/10/kennzeichnungspflicht/

30 https://www.wuv.de/digital/in_diesen_punkten_sind_uns_die_usa_beim_in-fluencer_marketing_voraus

31 Schindler, M.-C. & Liller, T. (2012). PR im Social Web.

32 http://www.tagesspiegel.de/medien/phaenomen-influencer-man-muss-ja-von-was-leben/19635054.html

33 Armborst, M. (2006). Kopfjäger im Internet oder publizistische Avantgarde?

34 Quelle: http://www.sueddeutsche.de/wissen/gemischte-gefuehle-vertrauen-ris-kante-erfindung-der-moderne-1.1015100-2

35 http://luiseliebt.de/2017/03/parasoziale-beziehungen/

36 http://www.vogue.de/people-kultur/people-news/doina-ciobanu-the-golden-diamonds-influencer-portraet

37 Heijnk, S. (2011), Texten fürs Web.

38 Bernet, M. (2010). Social Media in der Medienarbeit.

39 Gladwell, M, (2010). Überflieger.

40 Dobelli, R. (2014). Die Kunst des klaren Denkens.

41 https://www.ohhhmhhh.de/franziska-von-hardenberg-erzaehlt-zum-ersten-mal-

wie-es-war-mit-ihrem-blumenversand-bloomy-days-insolvenz-anmelden-zu-mu-essen-warum-das-fuer-sie-nichts-mit-scheitern-zu-tun-hat-und-wie-man-sich-m/

42 http://www.horizont.net/marketing/nachrichten/Influencer-Marketing-So-einfach-bekommen-Fake-Accounts-Werbevertraege-160256

43 http://www.futurebiz.de/artikel/warum-influencer-marketing-keine-wissenschaft-ist/

44 http://fashiioncarpet.com/fehler-bei-blogger-kooperationen/

45 http://meedia.de/2017/10/10/schon-mal-was-von-netzneutralitaet-gehoert-lena-meyer-landrut-kassiert-shitstorm-wegen-telekom-werbung/

46 https://www.basicthinking.de/blog/2017/07/10/snapchat-story-links/

47 https://www.wuv.de/marketing/warum_influencer_nicht_gerettet_werden_muessen

48 https://www.wuv.de/digital/influencer_marketing_schluss_mit_der_unprofessionalitaet

Stichwortverzeichnis

A

Ad-Blocker 33
Advertising Expenditure Forecast 42
Affiliate
  Kampagnen 214
  Links 18, 58, 110
Amaro 77
Amazedmag 41
Aminatabelli 65
anthropologisch 25
Anteasern 59
Aristoteles 171

B

Banduras, Albert 33
Barger, John 49
Bartholmess, Katja 125
Bashing 40, 41
Becker, Hannes 40
Bento 38
Bildbearbeitung 77, 159
Birkenbihl, Vera 170
Bloglovin 64
Buddybrand 33

C

Ciubano, Doina 167
Commitment 57
Community 13, 45, 50, 67, 71, 91, 103, 117, 127 ff., 142 f., 184
Content Creator 31, 41, 44, 138, 158, 160, 196
Corporate Blogs 50

D

Dariadaria 153, 157
Daur, Caro 71, 78, 184
Deadline 59, 60, 101, 104, 179, 205, 212, 234
Dellert, Louisa 10, 37, 193
Diana 69, 86, 158, 209
Digitalisierung 18, 40
doandlive.de 69, 158, 209
Dobelli, Rolf 132, 182
Domain 52, 53, 163

E

Enlight 77, 78,
Erik Scholz 138

F

Facetune 77,
Faible für Food 227
FAQ-Seiten 53
FashionBloggerCafé 38
Feedback 13, 25, 46, 81, 100, 105, 113, 128 ff., 158, 182, 190, 208, 216, 224f.
Feedreader 64
Filterbubble 25,
Firsching, Jan 39, 202
Flatlays 74, 87, 89
Follower 18 ff., 31 ff., 37 ff., 62, 66, 71, 76, 80 ff ., 87ff., 91, 93, 96 ff., 101, 106, 108, 110 ff., 127 f., 133, 138, 142f., 147f., 151, 159, 162, 164, 168, 171, 184, 194 ff., 203 ff., 209, 214, 217, 222, 234,
Footer 56

G

Giesinger, Stefanie 37

H

Hashtag 6, 19 f., 75, 80 f., 96, 104, 121 f., 124, 208, 212,
hellopippa.com 26,
Hemisphären 37
High User 36
HTML-Code 53

I

Imagebanana 56
Impact 38
IndaHash 36, 37

J

jilicousjourney.com 44

K

KLT- Prinzip 195
Kremp, Falko 32
Krüger, André 142

L

Laotse 168
Lead Digital 34
Levenhagen, Robert 34
Lightroom 36, 57, 77
Lorenara 164
Luhmann, Niklas 143

M

Madeleine Alizadeh 157
Manager Magazin 38
Marketender 34
Marnette 62
Masha Segdwick 43
Mediakit 109, 111 ff.
Mediavalue 116
MuseNet 39
Musically 21, 24, 34, 35, 98, 138

N

NEON 163
Niggemeier, Stefan 51
Nielsen, Jacob 130

P

Pariser, Eli 25
Photoshop 36, 57, 78
Pinterest 57 ff., 204, 231
Boards 58
Podcast 21, 24, 59, 128, 231
Portfolio 24, 52, 163
Power Law 171

R

Return of Investment 19, 39, 226
#RUNXXX Kampagne 226
Rupert Murdoch 173

S

Selfie 43, 72, 74, 78, 82, 84, 124, 144, 192,
sincerelyjules.com 54
Singer, Sally 41
Simonetti, Riccardo 76
Snappen 149
Sneak Peaks 89
songofstyle.com 54
Soltysinska, Barbara 37
Staib, Simon 233
Stigmatisierung 23
Stinson, Barney 167
stoisch 48
Story 57, 59, 75, 79, 84, 87 f., 94, 96 ff., 98, 101, 103, 108, 110, 119, 128 f., 132, 136, 138, 151, 153, 160, 189 ff., 209 ff., 215 ff.,
Teller 44
stylescrapbook.com 54

T

Testimonial 32, 111 f., 233
theblondesalad.com 54
Thurmann, Philipp 33
Tutorials 47, 53

U

Urban Jungle 129

V

Videoblog 24
Viralität 25f.
Vlog 59, 165
Vogue 41f.
von den Benken, Marie 83

W

Weekly 61, 105, 165, 180
Weihnachtsspot von Edeka 26
Weiss, Emily 31
Werbemüdigkeit 33
Westerwelle, Guido 49
Wille, Antonia 41,

Y

Yoast 58

Z

Zenith 42

DU WILLST LERNEN,
WIE MAN EINEN PROFESSIONELLEN
BUSINESSPLAN ERSTELLST?

GRÜNDE-DEIN-STARTUP.DE